# 微生物の科学と応用

編著者
室蘭工業大学名誉教授

菊池慎太郎

共著者
岐阜大学名誉教授　　室蘭工業大学大学院教授

高見澤一裕　　張　傛喆

三共出版

# はじめに

　科学の成果が社会や時代の趨勢に左右されることはあり得ない。しかし同時に科学はそれぞれの時代における社会の要請に応える責務を有し，私たちの生活の質を向上させることを目指すのでなければその意義を失う。特に複雑化する現代社会において科学が果たすべき役割は過去に例を見なかったほどに大きくなり，現代科学は私たちを取り巻くさまざまな問題の解決に資することが求められている。このような状況は現代科学の一翼を担う微生物の科学と応用についても例外ではない。

　しかし微生物が肉眼では観察できないほどに小さな生き物であることや，いくつかの病気が病原菌という微生物によって発症することは良く知られているものの，多くの人々にとって微生物を科学的に説明することは容易ではない。さらに私たちの日常生活を取り巻く環境と微生物の関わりについてほとんどの人々が知らないといっても過言ではない。これは微生物という生き物が余りに私達の身近にあるためその存在にすら気がつかないことにもよるが，さらに微生物について体系的に学ぶ機会が少ないことにもよる。

　振り返れば，かく言う私自身も大学で初めて科学的，体系的に微生物学を学んで微生物という生き物の全体像を知り，微生物の世界に魅せられて微生物学研究を志したように思う。そのような私自身の経験から，動物や植物とは異なる微生物の魅力を今日の学生諸君と共有したく本書を編んだ。

　本書の前半では微生物について学ぶべき必須の基礎知識について述べ，後半では現代社会の要請でもある微生物の応用について述べた。また微生物を学ぶうえで重要と思われる専門用語を英語で併記した。

　さらに本書は微生物に関する15の内容から構成される点に特徴がある。これは大学では15週の講義をもって2単位としていることに基づいたものであり，1回の講義時間でひとつの内容を学べるようにしたものである。なお本書「第12講　微生物を利用する環境浄化」は高見澤一裕博士（岐阜大学名誉教授）と張　俗喆（チャン・ヨンチョル）博士（室蘭工業大学大学院教授）に執筆いただいた。

　本書の執筆にあたっては多くの成書を参考にし，また引用させて頂きました。参考や引用させて頂いた書籍の著者の方々に御礼申し上げますとともに，不十分な点や誤りを御指摘いただければ幸甚です。また本書の作成を応援くださった岡本弘美博士に感謝いたします。

　本書が若い諸君の微生物理解の一助となることを願いつつ。

菊池　慎太郎

# 目 次

## 第1講　微生物という生き物
1.1　微生物の歴史 ……………………………………………………………… 1
1.2　微生物をグループにわける ……………………………………………… 5

## 第2講　微生物細胞の構造（1）―細胞壁―
2.1　細 胞 壁 …………………………………………………………………… 11
2.2　グラム陽性菌とグラム陰性菌 …………………………………………… 12

## 第3講　微生物細胞の構造（2）―細胞膜と運動器官―
3.1　細 胞 膜 …………………………………………………………………… 18
3.2　運 動 器 官 ………………………………………………………………… 21

## 第4講　微生物の増殖と栄養源
4.1　増殖と培地 ………………………………………………………………… 24
4.2　栄 養 源 …………………………………………………………………… 25

## 第5講　微生物の増殖と環境因子
5.1　酸 素 分 子 ………………………………………………………………… 31
5.2　水素イオン濃度 …………………………………………………………… 35
5.3　温　　度 …………………………………………………………………… 36

## 第6講　微生物操作法（1）―滅菌・無菌操作・単離―
6.1　滅菌と無菌操作 …………………………………………………………… 38
6.2　微生物の単離 ……………………………………………………………… 42

## 第7講　微生物操作法（2）―微生物の保存と培養―

7.1　微生物の保存 ……………………………………………………… 46
7.2　微生物の培養 ……………………………………………………… 47
7.3　集積培養法と休止菌の利用 ……………………………………… 50

## 第8講　増殖曲線と増殖速度論

8.1　増殖曲線 …………………………………………………………… 53
8.2　増殖速度論 ………………………………………………………… 55

## 第9講　微生物の遺伝子と遺伝情報の発現

9.1　遺伝子 ……………………………………………………………… 59
9.2　遺伝情報の発現 …………………………………………………… 63
9.3　ヌクレオチド配列による微生物の同定 ………………………… 68

## 第10講　ウイルス

10.1　ウイルスの構造 ………………………………………………… 71
10.2　DNAウイルスの感染と粒子数の増加 ………………………… 72
10.3　微生物の遺伝子操作におけるウイルスの利用 ……………… 75

## 第11講　微生物による物質循環

11.1　土壌微生物 ……………………………………………………… 78
11.2　自然環境中の炭素循環における土壌微生物の役割 ………… 79
11.3　自然環境中の窒素循環における土壌微生物の役割 ………… 81
11.4　自然環境中の硫黄循環における土壌微生物の役割 ………… 83

## 第12講　微生物を利用する環境浄化

12.1　微生物を利用する水環境の浄化：活性汚泥法 ……………… 86
12.2　活性汚泥法の指標 ……………………………………………… 88
12.3　微生物を利生する土壌環境の浄化：バイオレメディエーション法 ……… 90

## 第13講　生体触媒の固定化（1）―微生物の固定化―

13.1　生体触媒 …………………………………………………………… 92
13.2　微生物細胞の固定化 ……………………………………………… 93

## 第14講　生体触媒の固定化（2）―標識免疫測定法―

14.1　免　　疫 …………………………………………………………… 97
14.2　標識免疫測定法 ……………………………………………………100

## 第15講　微生物と抗生物質

15.1　抗 生 物 質 …………………………………………………………103
15.2　抗生物質に対する耐性 ……………………………………………108

索　　引 …………………………………………………………………………111

# 第1講　微生物という生き物

## 1.1　微生物学の歴史

　微生物がもつ物質合成能力や分解能力，あるいは物質の化学構造を変換する能力，すなわち微生物の**代謝活性**を私達の生活に利用しようとする試みの歴史は古く，たとえば飲用アルコールの製造は人類の文明誕生とともに行われていたといわれている。やがて微生物の代謝活性の利用はアルコールのような有機物質（炭素原子を含む化合物）だけを対象とするのではなく，大気中の窒素分子（窒素ガス）を植物が利用できる化合物に変換して農産物の増収を図る根粒菌の利用など無機化合物へも広げられた。しかし言うまでもなく，これらはいずれも微生物という生物種の存在すら知られていない時代の"経験的な微生物利用"に過ぎず，微生物を"科学的に理解"するためにはさらなる時間が必要であった。

　やがて17世紀になってオランダの商人**レーウェンフック**（Antonj von Leeuwenhoek：1632–1723）が今日の顕微鏡の原型ともいうべき装置を製作し，動物や植物とは異なる微細な生物が存在することを初めて見出した。レーウェンフックは，これらの新たな微細生物を小動物（animalcules）と名付けて，それらの形状や運動性について詳細な記

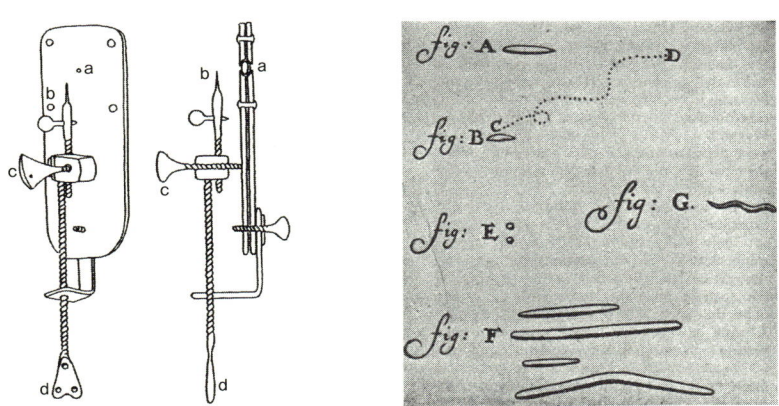

**図1.1　レーウェンフックの顕微鏡と観察記録**
　レーウェンフックは，自身が考案した顕微鏡（左図，a：レンズ，b：標本を付けるピン，cとd：焦点調整ネジ）で小動物を観察し，精密な記録を残した（右図）。また彼は精子と赤血球の存在を発見して今日の動物組織学の基礎を築いたことでも知られる。

録を残したが，その後の技術的発展が伴わなかったこともあって小動物を科学的に認識するには至らなかった。

その後，科学者達の関心はレーウェンフックが観察した小動物はどのように出現するのかという点に向けられた。たとえば肉汁をスープ皿に入れて放置すると，やがて小動物が観察される。今日では，空気中に浮遊する微生物がスープ皿に落下し，肉汁を栄養源として微生物細胞数が増加したことは明らかであるが，当時の科学者達は"肉汁という無生物から小動物という生命が自然に出現した"と考え，生命は無生物から自然に発生するという"生命の自然発生説"を提唱した。

当時，生命の自然発生説に疑問を持つ一部の科学者達は，生命が無生物から自然には発生しないことを証明しようとしたが，それらの大部分は不完全な実験であったり，あるいは実験方法が不適切であったため，生命の自然発生説を否定することができず，また科学に対する当時の社会的影響もあって，人々はその後の二百余年にわたってこの説を受け入れ続けた。

19世紀半ばになると，多くの科学者は肉汁の色や臭いなどの変化と小動物出現の間には何らかの関係があることに気付きはじめた。1861年にフランスの科学者**パスツール**（Louis Pasteur：1822-1895）は"空気中に存在する有機体について"という論文を発表し，綿でろ過した空気を煮沸[1]した肉汁に送り込んでも小動物は出現しないが，ろ過に用いた綿の一片を肉汁に加えると小動物が発生することを見出した。この実験結果からパスツールは，空気中には肉眼では見ることのできない小動物が浮遊しており，また小動物は絡み合った綿繊維に捕集される大きさであると結論づけて，今日の微生物（microorganism（s）あるいは microbe（s））についての科学的概念を明らかにした。

> [1] 肉汁の中にははじめから微生物が存在するので（これを**内在性微生物**という），あらかじめ煮沸してこれらの微生物を殺さなければ不完全な実験となる。したがってパスツールの実験では，あらかじめ煮沸して肉汁の内在微生物の影響を無視できるようにした点に大きな意味がある。

またパスツールは，首を長く引き伸ばして曲げたガラス製フラスコ（スワンの首フラスコ）の中に肉汁を入れて煮沸し，放置しても小動物が出現しない現象を観察した。彼はこの実験から「空気中には小動物（微生物）が浮遊するが，小動物は引き伸ばしたフラスコの首の内壁に付着して肉汁（栄養物）にまで到達できないために微生物が発生しない」と結論づけ，さらに「ガラス管のような付着物がない場合には空気浮遊微生物が，直接，肉汁に落下して生育するため，あたかも微生物が自然発生したかのように見える」と考察して生命の自然発生説を否定した。

その後パスツールは，乳酸やエタノールを作りだす微生物を発見して空気（酸素分子）が存在しない条件下での微生物による物質代謝を解明し[2]，微生物学の基礎を築いた。このような業績からパスツールは"微生物学の祖"と呼ばれ，また彼を記念して設立されたパスツール研究所（フランス）では今日も多くの優れた微生物研究が行われている。

> 2) 空気（酸素）の存在しない環境を嫌気環境と呼び，またそのような環境での物質代謝を嫌気代謝と呼ぶが，これらについては後に解説する。

**図 1.2 パスツールの"スワンの首フラスコ"**
首部分が引き伸ばされて曲がっているフラスコの外観が白鳥の首に似ていることから"スワンの首フラスコ"と呼ばれる。空気中に浮遊している微生物は首部分のガラス内壁に付着して内容物（栄養物）に到達できない。

　こうして微生物についての認識が深まり，また動物や植物とは著しく異なる微生物の科学的特性が明らかとなるとともに，微生物がもつさまざまな能力や代謝活性を効果的に利用しようとする試みも行われるようになった。特に 1920 年代から 1940 年代には**フレミング**（Alexander Fleming, 1881–1955）によるペニシリンの発見や**ワクスマン**（Abraham Waksman, 1888–1973）によるストレプトマイシンの発見など医療用**抗生物質**[3]の発見が相つぎ，微生物の利用技術は私たちの生活に役立つ有用物質の大量生産と効率化という新たな局面を迎えることとなった。

> 3) 微生物が生産して細胞外に分泌し，他の微生物を殺す作用（抗菌作用）をもつ低分子有機化合物。微生物がそのような化合物を生産する理由は不明であるが，他の微生物を排除して自身の生存を優位にする役割があるとも考えられている。なお抗生物質については第 15 講で詳しく解説する。

　他方，**ワトソン**（James Watson, 1928〜）と**クリック**（Fransis Crick, 1916〜2004）が明らかにした遺伝子（DNA 鎖）の化学的実体をもとに，一部の微生物学者たちは微生物の遺伝子を人為的に改変しようとする研究を始めた。それまでの遺伝子改変は，放射線照射や化学薬品処理によって微生物遺伝子に突然変異を誘発させる方法が一般的であり，基本的には偶然性に依存するものであった。しかし遺伝子が"一定の分子構造をもつ化学物質"であることが明らかにされて以来，遺伝子も他の化学物質と同等に扱えると考えられるようになり，遺伝子を有機化学的方法や生化学的方法で人為的に操作して目的とする

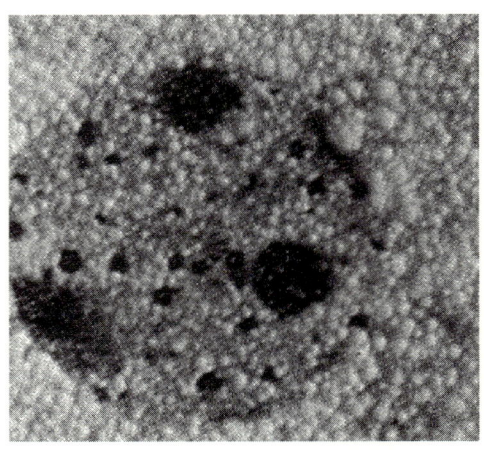

**図1.3　抗生物質の抗菌作用**

ペトリ皿の栄養物表面に繁殖した細菌の膜（写真では白く見える部分）に青カビ（学名：*Penicillium notatum*）が混在すると，その周囲には細菌が繁殖しない（写真では黒く見える部分）。この結果からフレミングは"青カビは細菌の繁殖を阻害する物質を生産する"と考え，抗生物質ペニシリン（penicillin）を発見した。

**図1.4　遺伝子の二重らせん構造モデル前のワトソン（左）とクリック（右）**
（八杉龍一『図解科学の歴史』，p. 72，東京教学社（1995））

　代謝活性を特異的に向上させて有用物質の生産に役立て，あるいは代謝活性を抑制してある種の病気の治療も可能となった。なおこれらについては第9講や第15講などで詳しく述べる。

　さらに近年，地球が他の惑星との間に資源やエネルギーの授受がないという事実が改めて認識されて，従来は廃棄物として処理されていた物質を微生物によって資源化し，あるいは汚染された環境を微生物によって修復しようとする環境・資源分野での微生物利用も数多く実施されている（第11講や第12講など）。

　このように考えるなら，微生物がもつ多様な特性を科学的に理解し，またそれらの特性をどのように応用するかというシステムを構築する能力が重要となるであろう。

## 1.2 微生物をグループにわける

　植物は樹木や草花のグループに分けることができ，あるいは動物も鳥や人間のグループに分けることができるのと同様に，微生物もいくつかのグループに分けることができる。図1.5に生物界における微生物の位置と，もっとも基本的な微生物のグループ分け（分類）を示した。

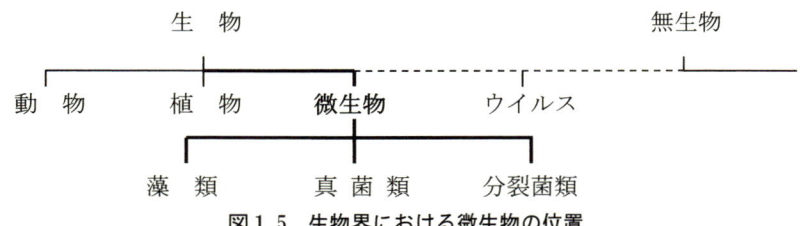

**図1.5　生物界における微生物の位置**

藻類には海藻のような多細胞藻類も含まれるが，図ではケイ藻類や渦鞭毛藻類のような単細胞藻類を意味する。また真菌類には酵母類や糸状菌類（カビ類）および担子菌類（キノコ類）が含まれ，分裂菌類は細菌類と放線菌類である。またミドリムシやアメーバーあるいはマラリア原虫などの原生生物は，微生物として分類することの適否について学説がわかれているので，本書では微生物から除外する。なおウイルスは生物界と無生物界の境界に位置する粒子と理解されているが，詳細は第10講で解説した。

　微生物はクロレラやユーグレナ（ミドリムシ）などの藻類，酵母類やカビ類あるいはキノコ類（担子菌類）のような真菌類，さらに細菌類や放線菌類に代表される分裂菌類に大別される。

　なお図1.5にはウイルス（virus）も併記したが，"生物"であることの定義の一つは自律増殖できること（独立して細胞数を増やすこと）である。しかし第10講で詳しく述べるようにウイルスは微生物や動植物の細胞の中に入りこみ[4]，入り込んだ細胞（これを宿主細胞という）の遺伝子やタンパク質を利用して自身の数を増やすので，"生物であること"の定義に合致しない。他方，ウイルスは微生物や動植物などの"生物"と同様にタンパク質や遺伝子で構成されていることを考慮するなら，ウイルスを完全な"無生物"とも位置づけられない。以上から，現在，ウイルスは"生物と無生物の境界に位置する粒子"と理解されており，さらに近年は微生物の遺伝子操作においてウイルスが重要な役割を果たしていることなどから，本章においても一講を設けて説明する。

> [4]　微生物や動植物の細胞の中に入り込むことからも推定されるようにウイルス粒子はこれらの細胞よりもはるかに小さく，光学顕微鏡で観察することは困難である。たとえば感染性病原微生物の研究で輝かしい業績をあげた野口英世博士は，黄熱病の原因体を細菌と考えて光学顕微鏡による研究を行ったが，結果的に真の病原体であるウイルスを明らかにすることができず，不幸にも研究途中で黄熱病ウイルスに感染して亡くなった。

さて図1.5に示した微生物の中で，藻類や真菌類を高等微生物と呼び，分裂菌類を下等微生物と呼ぶ場合もある。また前者（藻類や真菌類）では遺伝子をはじめとする遺伝物質が核膜（nuclear membrane）というリン脂質とタンパク質から成る膜構造（第3講）に被われた核（nuclear）の中に濃縮されて局在するのに対し，後者（分裂菌類）では遺伝物質は膜構造で被われておらず細胞内に分散して存在する[5]。このような特徴から前者を真核微生物（eukaryotic microorganisms あるいは eukaryotes）と呼び，後者を原核微生物（前核微生物ともいう）（prokaryotic microorganisms あるいは prokaryotes）と呼ぶ。

> [5] 一部の分裂菌類では遺伝子が細胞質の特定個所に集中して核のように観察される場合がある。これを核様体というが，核様体は膜構造で被われることはなく核とは別個の構造である。

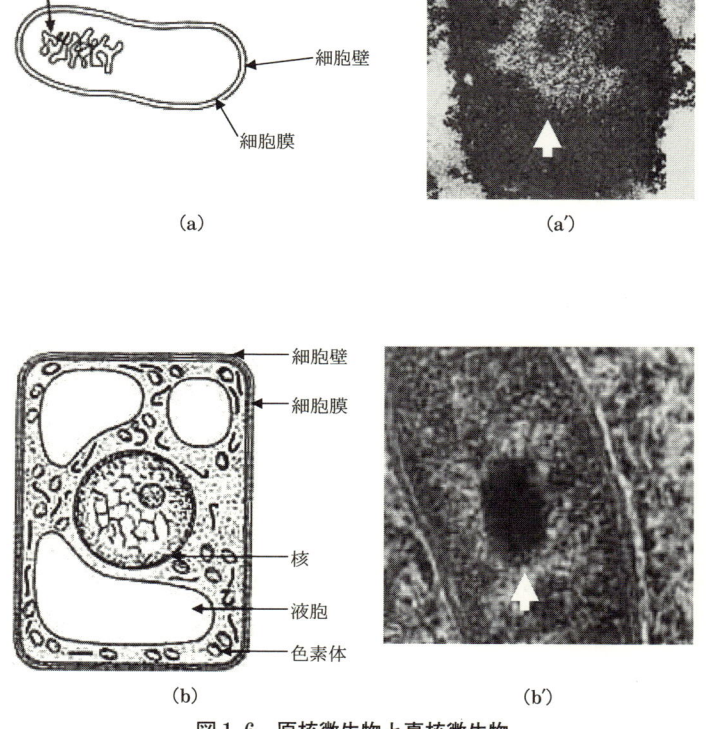

**図1.6　原核微生物と真核微生物**

原核微生物（a）と真核微生物（b）の模式図と，それらの走査型電子顕微鏡写真（(a′)：*Bacillus subtilis*，和名は枯草菌）と（b′）：*Saccharomyces cerevisiae*，和名はビール酵母あるいはパン酵母）。矢印で示すように（a′）では核様体が観察され，（b′）では明瞭な核が観察される。（模式図；三浦ら，「ライフサイエンス系の化学」，p.133，三共出版（1996），電子顕微鏡写真；岡本弘美博士による）。

さらに，微生物は科学的な系統名称である学名[6]と，その和訳名称である和名とをもつが，微生物の特性や形状が学名に反映されている場合も多く，学名には微生物についてのさまざまな情報が含まれている。

たとえば牛乳中の糖類から乳酸を生産し，その酸によって牛乳中のタンパク質を変性凝固してヨーグルトとする微生物の一般和名は乳酸桿（かん）菌であり，学名は *Lactobacillus acidophillus* という。lacto は"乳"を意味するラテン語であり，同様に bacillus は"細長い形の微生物"を意味し，さらに acid は"酸"を，phillus は"〜を好む"や"〜に傾く"を意味するので，学名からその菌の性質や形状を推測することも可能である。

また微生物の学名を決定する操作を同定（identification）という．従来，同定はその微生物の形態学的特徴や生化学的特性などにもとづいて行われたが，現在は微生物の属ごとに保存されている遺伝子（進化の過程で変化せずに保たれている遺伝子）の構造に基づいて決定されることが多い。このことについては第 9 講で詳しく述べる。

> [6] スウェーデンの植物学者リンネ（C.Linne）は，生物を界（kingdom），門（division），綱（class），目（order），科（family），属（genus），種（species）に系統的に分類し，特別な場合を除いては属名と種名との二名命名法で生物の学名とすると提唱したが，今日の生物の学名命名法は彼の提唱に基づく国際規約で定められている。微生物の学名もこの国際規約にしたがって，イタリック体のラテン語（またはラテン語表記のギリシャ語）を用いて初めに属名を表記し，次に種名を表記する。属名の最初の文字は大文字で表記される。また同一種の微生物をさらに細分化して種名の後に変種（var.；variety の省略）や亜種（subsp.；subspecies の省略）を付記することもある（*Lactobacillus acidophilus* subsp. *paracasei* など）。なお *Lactobacillus* sp. は"*Lactobacillus* 属菌の一種"という意味であり，*Lactobacillus* spp. は"*Lactobacillus* 属菌の全体"という意味であるので，これら学名表記のもつ意味を混同せずに理解することも微生物の科学を学ぶうえで重要である。

さて，現在までに同定されている微生物の属や種は数千種類におよぶと言われているが，これらは地球上に存在する微生物のわずか数パーセントに過ぎないと考えられている。したがって今後，微生物についての研究や微生物の応用技術が開発されるにともなって，さらに多くの新たな微生物が発見され，同定されるであろうことは想像に難くない。したがって図 1.5 に示した微生物グループそれぞれの特性を理解することは重要である。

たとえば前述の分裂菌類と呼ばれる微生物には細菌類（単数形：bacterium，複数形：bacteria）と放線菌類（actinomycetes）が含まれる。これらの微生物は，いずれも，一つの細胞が単純に二つに分裂して細胞数を増やすことが特徴である。なお微生物の細胞数が増加することを増殖（growth）という。

細菌類は大きさが 1 μm 以下の単細胞であり，その形状は球状，桿（かん）状およびらせん状の三種に大別されて，それぞれ球菌（単数形：coccus，複数形：cocci），桿菌（単数形：bacillus，複数形：bacilli）およびらせん菌（単数形：spirillum，複数形 spirilla）と呼ばれる。らせん菌の中でも短いコンマ状の *Vibrio* 属菌は毒素を生産することから医

学的には食中毒の原因菌として知られているが，近年，海洋には毒素非生産性の多種類の *Vibrio* 属菌が存在し，従来の陸上細菌にはない新たな活性をもつことが知られるようになって注目されている。

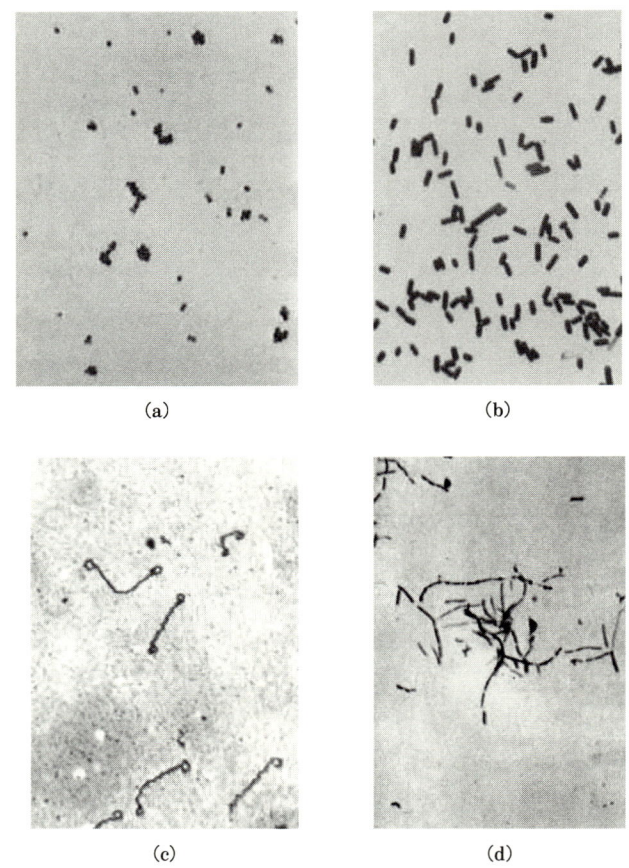

**図 1.7　分裂菌類の光学顕微鏡写真**

　(a) 球菌 (*Stphylococcua aureus*)。この菌の学名はギリシャ語で"ブドウの房"を意味する staphylis と，ギリシャ語で"粒"を意味する kokkos（ラテン語表記では coccus），およびラテン語で金色を意味する aureus に由来し，和名を黄色ブドウ球菌という。人間の口腔などに存在し，免疫力が低下している場合には重篤な病原性を発現する場合もある。
　(b) 桿菌 (*Lactobacillus bulgaricus*)。この菌の学名はラテン語で"乳"を意味する lacto と，"細長い棒"を意味する bacillus，およびこの菌によって作られるヨーグルトを常食としていた国（ブルガリア，Bulgaria）を組み合わせて名づけられ，和名をブルガリア乳酸桿菌という。
　(c) らせん菌 (*Leptospira* sp.)。この菌の学名（属名）はラテン語で"細い"を意味する lept と，"らせん"を意味する spaira を組み合わせて名づけられた。なお種名が決定されていない場合は *Leptospira* sp. のように属名の後に sp.（species の省略）を付記して"*Leptospira* 属の一種"の意味とする。この細菌は汚染水の中に存在し，人間を含むほとんどの哺乳類の感染症原因となる。
　(d) 放線菌 (*Streptomyces griceus*)。この菌は抗生物質ストレプトマイシンを生産することで知られる。倍率はいずれも 800 倍であるので大きさを比較できる。

表 1.1 放線菌類が生産する生理活性物質の例

| 放線菌 | 代表的な生産物質 |
|---|---|
| *Streptomyces griseus* | 抗生物質（ストレプトマイシン），タンパク質分解酵素 |
| *Streptomyces venezuelae* | 抗生物質（クロラムフェニコール） |
| *Streptomyces aureofaciens* | 抗生物質（テトラサイクリン），生理活性色素，多糖類分解酵素 |
| *Streptomyces kanamyceticus* | 抗生物質（カナマイシン） |
| *Streptomyces kasugaensis* | 抗生物質（カスガマイシン） |
| *Streptomyces olivaceus* | ビタミンB類，脂質分解酵素 |

　放線菌類は，その外観形状が糸状菌類（カビ）に似ているが，後に述べる糸状菌に存在する隔壁がなく，細胞分裂によって増殖するので分裂菌類である。放線菌類の代表的な属として *Streptomyces* 属や *Actinomyces* 属が知られているが，かつて放線菌類は単に土壌中に生息する微生物（土壌微生物）として扱われていただけで人間にとって有用性はないと考えられていた。

　しかし前項でもふれたように，放線菌の一種（*Streptomyces gryceus*）が医学的に有用な抗生物質を生産することが知られて後，放線菌類が生産するさまざまな抗生物質が相次いで見出された（第15講）。さらに放線菌が有機物を代謝して抗生物質以外にも多くの生理活性物質を生産することが明らかにされ，微生物科学的な放線菌類の重要性が認識されるようになった。

　真菌類には，酵母類（yeasts）や一般的にはカビ（molds）と呼ばれている糸状菌類（単数形：fungus，複数形：fungi）やキノコと呼ばれている担子菌類（basidiomycetes）が含まれる。

　酵母（yeasts）は卵型の単細胞微生物であり，多くの場合は母細胞の一部がふくらんで次第に大きくなる出芽（budding）によって増殖する。出芽によって生じた新たな細胞（娘細胞）は一定の大きさになると母細胞から離れるが，離れた娘細胞同士が連なることはまれである。

　他方，糸状菌類は菌糸（hyphae）を伸ばして増殖する。菌糸は固体や液体の栄養物の中に入り込み，あるいは表面に広がって栄養物を吸収して伸長し，一定の長さに達すると隔壁（単数形：septum，複数形：septa）を形成し細胞数を増やす。したがって糸状菌は単細胞が長軸方向に連なった形状であるが，隔壁を形成するときに分岐する場合もある。また私たちが良く見かける空気中に立ち上がって伸びる菌糸を特に気菌糸と呼ぶ。菌糸の先端には胞子嚢（のう）と呼ばれる器官が存在し，胞子（spore）を蓄積する。また胞子嚢から飛散した胞子は適当な条件下（温度，水分，栄養物など）で発芽して菌糸となる。したがって糸状菌の胞子は増殖の役割を担うものであり，第8講で述べる微生物の休眠機構である内生胞子（endospore）とは役割も構造も異なることから特に外生胞子（exospore）と呼ばれる。

　担子菌類の多くは菌糸が集合した子実体として存在するので，肉眼で全体的外観を観察

することができる。しかし他の微生物と同様に子実体を構成する個々の細胞を肉眼で観察できないことはいうまでもない。このような微生物を**多細胞集合菌類**と呼ぶ。一般に子実体は傘（かさ）状の形であり，その裏側に**担子器**と呼ばれる胞子形成と蓄積の役割を果たす器官をもつ。糸状菌の胞子嚢（のう）と同様に，担子器から飛散した胞子は適当な条件下で発芽して菌糸となり，さらに菌糸は集合して子実体となる。なお担子菌類の菌糸はさまざまな生理活性をもつ種々の多糖類を含むので栄養補助剤などとして利用する試みもあるが，その科学的評価が確立されていない場合も多い。

微生物の科学を正しく理解するためには藻類，真菌類および分裂菌類のすべての微生物について学習する必要のあることはもちろんであるが，特に真菌類と分裂菌類は人間とのかかわりの歴史も古く，また詳細に研究されているので本書ではこれら二つのグループの微生物を中心に解説する。

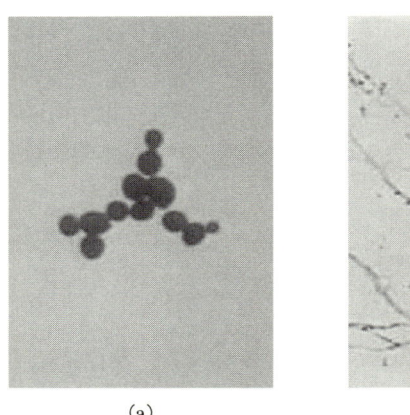 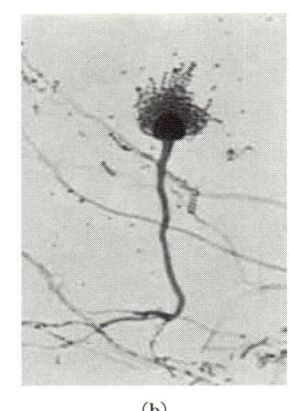

(a) (b)

**図 1.8　真菌類の光学顕微鏡写真**

(a) 酵母（*Saccharomyces cerevisiae*）。属名は糖と微生物を意味するギリシャ語 sacharons（ラテン語表記では saccharum）と myces に由来し，また種名はビールを意味するラテン語 cerevosiai に由来する。ビール酵母あるいはパン酵母の和名をもち，古くから食品醸造分野で利用されてきた。

(b) 糸状菌（*Aspergillus oryzae*）。属名は胞子嚢（のう）が教会で用いられる聖水散水器具 aspergillum に似て観察されることに由来し，また種名は米を意味する oryzae に由来する。この微生物は，米などのデンプン（多糖類）を糖化する活性（単糖類に分解する活性）が高いことから日本でも米麴（こうじ）として用いられている。和名はニホンコウジカビ。倍率はいずれも 800 倍であるが，真菌類の大きさは図 1.7（倍率 800 倍）に示した分裂菌類のそれよりも大きいことがわかる。

# 第2講 微生物細胞の構造（1）
―細胞壁―

## 2.1 細胞壁

　地球上のすべての生物を構成する基本単位は**細胞**であり，細胞内部はゲル状の**細胞質**（cytoplasm）で満たされ，その中にDNAやRNAなどの遺伝物質や，物質の合成と分解（代謝）に直接的に関与する多種類の**酵素**（enzymes）が溶解している。さらにタンパク質合成に関与するリボゾームなどの**細胞内顆粒**や生体エネルギー（ATP；アデノシン三リン酸，adenosine-triphosphate）合成の場であるミトコンドリアなどの**細胞内小器官**が存在する。なお真核微生物には遺伝物質の局在する核が存在することは既に第1講で述べた。

　他方，これらの細胞内容物は，細胞を被う外殻構造物によって外部と隔てられている。哺乳動物細胞の最外殻はリン脂質を主成分とする**細胞膜**（cell membrane，第3講）であるが，植物細胞や微生物細胞では細胞膜の外側にさらに**細胞壁**（cell wall）という固い外殻が存在する（第1講，図1.6）。細胞壁は，その物理的強度（固さ）によって細胞の形状を保持する役割を果たすほか，外部からの物理的衝撃や化学的衝撃に耐える機能をもつ。

　また一部の微生物は細胞の老化にともなって細胞壁に密着して**液胞**（vacuole(s)）を形成することがあり，液胞が細胞容積の大部分を占めているように観察されることもある。液胞は細胞の代謝活性によって生じる種々の老廃物を容液状態で蓄積しているので，内部の液体は浸透圧が高く，老化細胞は液胞の膨圧によって細胞壁の緊張を保って細胞の形状を維持できると考えられているが，液胞の正確な生理的役割については不明な点も多い。

　植物細胞と微生物細胞では細胞壁の組成と構造が大きく異なり，前者（植物細胞）の細胞壁がグルコース重合体である**セルロース**を主成分とする単純な構造であるのに対して，後者（微生物細胞）の細胞壁は化学的に複雑な物質で構成される。

　たとえば真菌類である酵母類や糸状菌類細胞壁はグルコース以外の単糖類あるいはグルコース誘導体が重合した多糖類を主成分とし，酵母（*Saccharomyces cerevisiae*）の細胞壁主成分はマンノース（mannose）が重合した**マンナン**（mannan）[1]を主成分とし，糸状菌の細胞壁は*N*-アセチルグルコサミン（*N*-acetyl-glucosamine）重合体である**キチン**（chtin）を主成分とする。さらに担子菌類の細胞壁はさまざまな単糖類とそれらの誘導体から成る複雑な多糖類で構成され，またこれらの複雑な多糖類の一部が生理活性を有する

場合もある。

> 1) 一般に単糖類は -ose の接尾語で表わされ，単糖類がグリコシド結合で重合した多糖類は -an の接尾語で表わされる。たとえばマンノース（mannose）が重合した多糖類はマンナン（mannan）と呼ばれ，グルコース（glucose）が重合した多糖類はグルカン（glucan）と呼ばれる。なおグルカンをセルロースと呼ぶことは科学的慣用による。また異なる単糖類（グリコース，glycose）が重合した多糖類はグリカン（glycan）という。なお詳細については糖類の成書を参照されたい。

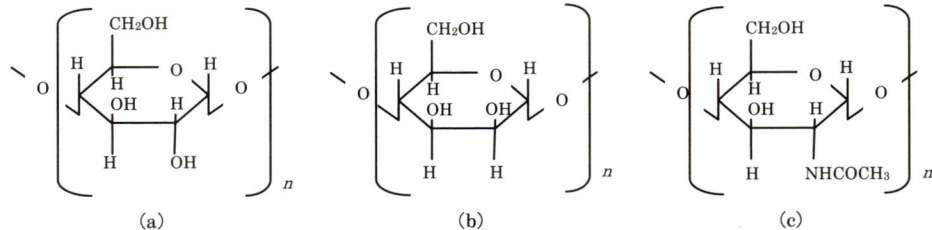

図 2.1　細胞壁を構成する多糖類

（a）セルロース（ポリグルコース），（b）マンナン（ポリマンノース），（c）キチン（ポリ $N$-アセチルグルコサミン），$n$ は重合度を示す。

表 2.1　微生物の細胞壁

| 生物種 | 細胞壁の主成分 |
|---|---|
| 藻 類 | セルロース，ペプチド，ヘミセルロース[1]，リグニン[2] |
| 真菌類 | |
| 　酵母類 | マンナン |
| 　糸状菌類 | キチン，ヘミセルロース，ペプチド |
| 　担子菌類 | 種々の多糖類，ヘミセルロース，ペプチド |
| 分裂菌類 | |
| 　放線菌類 | ムコペプチド，脂質，糖脂質 |
| 　細菌類[3] | ムコペプチド |
| 　細菌類[4] | リポペプチド，少量のムコペプチド |

1) キシロース重合体であるキシランや，グルコキシラン，あるいはグルコマンナンなどの複合糖類で，藻類の種類によって構成単糖や多糖類の種類は著しく異なる　2) 高分子フェノール性化合物で，複雑な三次構造によって陸上植物に機械的強度を与えることで知られるが，一部の藻類にも数パーセントの割合で存在する　3) グラム陽性菌　4) グラム陰性菌

## 2.2　グラム陽性菌とグラム陰性菌

このように真菌類の細胞壁を構成する糖類の種類は多岐にわたるが，細菌類や放線菌類などの分裂菌類の細胞壁構造はさらに複雑である。

オランダの化学者グラム（Cristian Gram）は**細胞染色法**を研究する過程で，フクシンやクリスタルバイオレットなどの水溶性の塩基性色素とヨード液を用いる**グラム染色法**と呼ばれる方法を開発し，これによってさまざまな分裂菌類を染色した。その結果，分裂菌

## 2.2 グラム陽性菌とグラム陰性菌

類の中でも特に細菌類は，枯草菌（*Bacillus subtilis*）のように容易に染色されるグループと，大腸菌（*Escherichia coli*）のように染色されにくいグループに大別されることが明らかとなり，グラムは自身の名にちなんで前者を**グラム陽性菌**（Gram-positive bacteria），後者を**グラム陰性菌**（Gram-negative bacteria）と名付けた。

このような染色性の違いは細菌の細胞壁組成の違いによる。すなわちグラム陽性菌細胞壁の主成分は，多糖類（ムチン；mucin）[2]にペプチド鎖[3]が結合した**ムコペプチド**（mucopeptide，あるいは**ペプチドグリカン** peptidoglycan ともいう）であり，他方，グラム陰性菌細胞壁の主成分は脂質にペプチド鎖が結合した**リポペプチド**（lipopeptide）[4]であることに起因する。したがって第1講で述べた微生物の同定において，グラム染色法は有効な**鑑別染色法**として利用される。

> [2] 1) でも述べたように，複数種の単糖類（グリコース；glycose）が重合した多糖類をグリカン（glycan）という。他方，1800年代後半にO.Hammerstenは，動物が分泌する粘液物質が複雑な多糖類であることを明らかにし，多糖性粘液物質をムチンと名付けた。このような発見は科学史的に重要であることから，微生物組織学や病理学では現在もグリカンの同義語として科学慣用的にムチンの語が用いられている。

> [3] 数分子から数百分子のアミノ酸が重合した物質をペプチド鎖（あるいは単にペプチド）と呼び，それ以上のアミノ酸分子が重合した物質をタンパク質と呼ぶことが多いが，両者の間に明確な科学的区別はない。

> [4] リポ（lipo-）は脂質を意味する lipid から派生した語で，分子中に脂質が存在することを意味する。

ムコペプチドを構成する糖類は $N$-アセチルグルコサミン（$N$-acetyl-glucosamine：NAGA）と $N$-アセチルムラミン酸（$N$-acetylmuramic acid：NAMA）であり，これらが交互に $\beta1 \rightarrow 4$ 結合して糖鎖を形成している。

またペプチド鎖を構成するアミノ酸は，主としてアラニン，グルタミン酸，リジンおよびグリシンであるが，少量の D-型アミノ酸やジアミノピメリン酸が含まれることもある。生体を構成するタンパク質やペプチド鎖は，通常，L-型アミノ酸で構成されることから，D-型アミノ酸の存在はグラム陽性菌細胞壁に特徴的であり，またジアミノピメリン酸は自然界ではグラム陽性菌細胞壁にのみ存在する特異なアミノ酸である。

グラム陽性菌の細胞壁は，これら糖鎖とペプチド鎖によって網目状の構造となり安定化する。

細菌類と同様に分裂菌類である放線菌類の細胞壁もムコペプチドあるいはリポペプチドを主成分とするが，両者がさまざまな比率で混在している場合が多い。また第11講などで述べる *Mycobacterium* 属[5]は細胞分裂にともなって細胞壁のムコペチドとリポペプチドの含有率が変化し，幼若な細胞の細胞壁ではムコペプチドの含有率が高く，成熟あるいは老化した細胞の細胞壁にはリポペプチドとリポグリカン（脂質と糖鎖の複合体）が大量

# 14　第2講　■微生物細胞の構造（1）

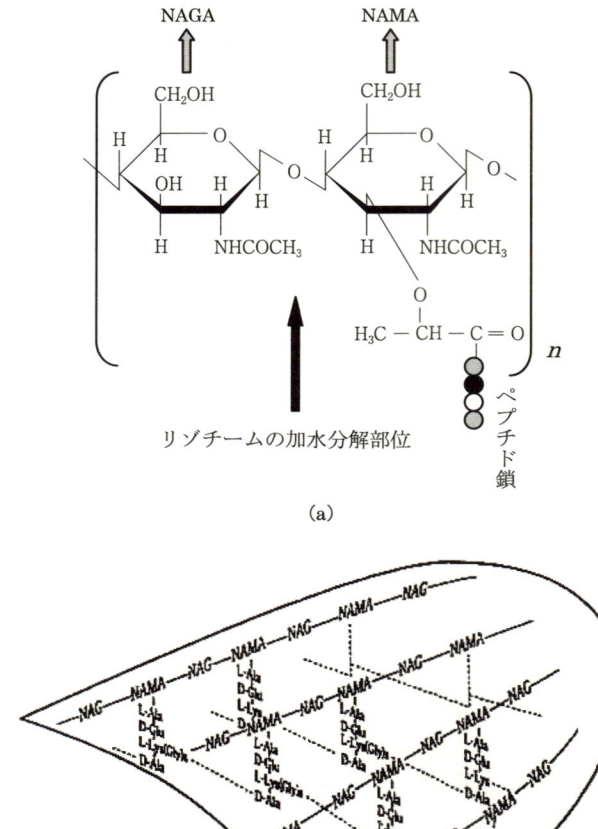

(a)

(b)

**図2.2　グラム陽性菌細胞壁の構造**
（a）グラム陽性菌の細胞壁は，N-アセチルグルコサミン（NAGA）とN-アセチルムラミン酸（NAMA）を構成単位とする糖鎖を横軸とし，アラニン（◐），グルタミン酸（○）あるいはリジン（●）などからなるペプチド鎖を縦軸とする網目構造である，（b）グラム陽性菌細胞壁の模式図，なお（a）の"リゾチームの加水分解部位"については本文を参照。

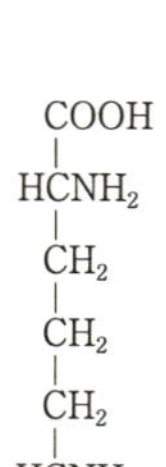

$$\begin{array}{c} COOH \\ HCNH_2 \\ CH_2 \\ CH_2 \\ CH_2 \\ HCNH_2 \\ COOH \end{array}$$

**図2.3　グラム陽性菌細胞壁に存在するジアミノピメリン酸**

表 2.2 主要なアミノ酸

| 分類 | 名称 | 構造 | 等電点 | 略号 3文字 | 略号 1文字 | 備考 |
|---|---|---|---|---|---|---|
| 中性アミノ酸 | グリシン glycine | $H_2NCH_2COOH$ | 5.97 | Gly | G | 光学不活性 |
| | アラニン alanine | $CH_3CHCOOH$ / $NH_2$ | 6.02 | Ala | A | |
| | バリン valine | $(CH_3)_2CHCHCOOH$ / $NH_2$ | 5.97 | Val | V | 必須アミノ酸 疎水性 |
| | ロイシン leucine | $(CH_3)_2CHCH_2CHCOOH$ / $NH_2$ | 5.98 | Leu | L | 必須アミノ酸 疎水性 |
| | イソロイシン isoleucine | $CH_3CH_2CH(CH_3)CHCOOH$ / $NH_2$ | 6.02 | Ile | I | 必須アミノ酸 疎水性 |
| | トリプトファン tryptophan | インドール-$CH_2CHCOOH$ / $NH_2$ | 5.88 | Trp | W | 必須アミノ酸 疎水性 |
| | フェニルアラニン phenylalanine | $C_6H_5$-$CH_2CHCOOH$ / $NH_2$ | 5.48 | Phe | F | 必須アミノ酸 疎水性 |
| | チロシン tyrosine | $HO$-$C_6H_4$-$CH_2CHCOOH$ / $NH_2$ | 5.67 | Tyr | Y | |
| | セリン Serine | $HOCH_2CHCOOH$ / $NH_2$ | 5.68 | Ser | S | |
| | トレオニン threonine | $CH_3CH(OH)CHCOOH$ / $NH_2$ | 5.60 | Thr | T | 必須アミノ酸 |
| | システイン cysteine | $HSCH_2CHCOOH$ / $NH_2$ | 5.02 | Cys | C | 含硫アミノ酸 |
| | メチオニン methionine | $CH_3SCH_2CH_2CHCOOH$ / $NH_2$ | 5.06 | Met | M | 含硫アミノ酸 必須アミノ酸 疎水性 |
| | プロリン proline | ピロリジン-COOH | 6.30 | Pro | P | イミノ酸 |
| | アスパラギン asparagine | $H_2NCOCH_2CHCOOH$ / $NH_2$ | 5.41 | Asn | N | |
| | グルタミン glutamine | $H_2NCOCH_2CH_2CHCOOH$ / $NH_2$ | 5.70 | Gln | Q | |
| 酸性アミノ酸 | アスパラギン酸 aspartic acid | $HOOCCH_2CHCOOH$ / $NH_2$ | 2.98 | Asp | D | |
| | グルタミン酸 glutamic acid | $HOOCCH_2CH_2CHCOOH$ / $NH_2$ | 3.22 | Glu | E | |
| 塩基性アミノ酸 | アルギニン arginine | $H_2NCNH(CH_2)_3CHCOOH$ / $NH$ $NH_2$ | 10.76 | Arg | R | |
| | リジン lysine | $H_2N(CH_2)_4CHCOOH$ / $NH_2$ | 9.74 | Lys | K | 必須アミノ酸 |
| | ヒスチジン histidine | イミダゾール-$CH_2CHCOOH$ / $NH_2$ | 7.59 | His | H | |

に存在する。

> 5) *Mycobacterium* 属には結核発症の原因となるヒト型結核菌（*Mycobacterium tuberculosis*）などの病原性の種も存在するが，土壌中に普遍的に存在する非病原性の種も多い。いずれの菌種の細胞外殻にも生理活性長鎖脂肪酸が多量に存在するので，水溶性酸性色素を用いる普通染色法やグラム染色法では染色されず，抗酸菌染色と呼ばれる特殊な方法によって染色される。このような染色特性から *Mycobacterium* 属は抗酸菌（acid-fast bacteria）とも呼ばれるが，第5講で述べる増殖環境による好酸菌（acidophilic bacteria）や耐酸菌（acid-tolerant bacteria）の分類と混同してはならない。

またムコペプチドの NAGA–NAMA の結合は**リゾチーム**（lysozyme）という酵素で加水分解される。したがってグラム陽性菌をこの酵素で処理すると細胞壁が分解除去されて細胞膜が最外殻に剥き出しになった細胞となる。このような細胞は**プロトプラスト**（protoplast）と呼ばれ，"（細胞壁のない）完全に裸の細胞"であるので，複数の微生物同士を融合して一つの新たな微生物細胞を創出する**細胞融合法**に用いられる。なお細胞融合法については他の成書を参照されたい。

他方，前述のようにグラム陰性菌の細胞壁構成物質の大部分はリポペプチドであり，これに微量のムコペプチドや，脂質と糖鎖の結合物であるリポ多糖類が混在する。リポペプチドやリポ多糖類を構成する脂質あるいは糖類の種類は菌種によって著しく異なるが，いずれの場合も上記の $N$–アセチルグルコサミン（NAGA）と $N$–アセチルムラミン酸（NAMA）から成るムコペプチドの含有量は少ない。

したがってグラム陰性菌細胞壁はリゾチームで加水分解されにくく，グラム陰性菌をリゾチーム処理しても一部に細胞壁が残る"不完全に裸の細胞"となるだけである。このような細胞を**スフェロプラスト**（spheroplast）という。

細胞融合法ではプロトプラスト化した細胞を用いると効果的に反応が進行することは上で述べたが，この観点からすればグラム陰性菌同士，あるいはグラム陽性菌とグラム陰性菌を細胞融合するためにはグラム陰性菌をプロトプラスト化する必要があり，経験的に蛇毒などを用いてグラム陰性菌をプロトプラスト化する場合が多い。なお蛇毒によるグラム陰性菌細胞壁加水分解の化学的機構については不明な点も多い。

さらにグラム陰性菌の細胞表層構造の特徴は，細胞壁と細胞膜との間に**ペリプラズム**（periplasm）と呼ばれる空隙が存在することである。グラム陽性菌にはペリプラズムは存在せず，細胞壁と細胞膜は密着している。従来，ペリプラズムは前述の液胞と同様に代謝にともなう老廃物質や老廃液の貯留部位であって積極的な生理的役割はないと考えられていたが，最近，ペリプラズムにグラム陰性菌細胞に毒性作用を発現する物質の分解酵素が存在していることが明らかとなり，グラム陰性菌細胞内への毒性物質流入を防ぐ障壁としての役割も果たしていると考えられるようになった。

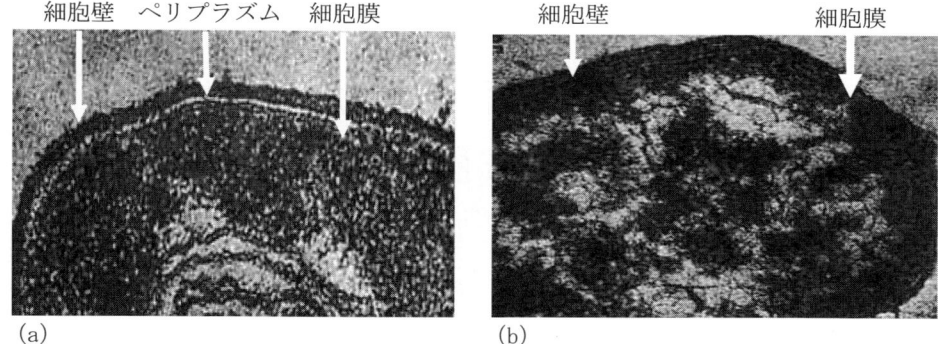

**図2.4 細菌の細胞外殻構造**
(a) グラム陰性細菌の細胞壁と細胞膜の間にはペリプラズムと呼ばれる空隙が観察されるが，(b) グラム陽性細菌では細胞壁と細胞膜が密着している。(いずれの写真も岡本弘美博士による)

# 第3講 微生物細胞の構造（2）
## ―細胞膜と運動器官―

## 3.1 細胞膜

　微生物の細胞壁内側には**リン脂質**と**タンパク質**を主成分とする**細胞膜**が存在する。細胞膜はリン脂質の**二分子層**にタンパク質分子が挿入された構造であるが，このような構造についてシンガー（S. Singer）とニコルソン（A. Nicolson）は「細胞膜は全体として固定された構造ではなく流動的でモザイク的な構造である」という**流動モザイクモデル説**（fluid mosaic model theory）を提唱したが，今日，微生物をはじめとする生物の細胞膜の構造と機能をもっともよく説明する学説として広く受け入れられている。なお真核微生物や動植物細胞に存在する核を被う核膜も細胞膜と同様にリン脂質の二分子層で構成されることから細胞膜と核膜を**生体膜**と呼ぶ。

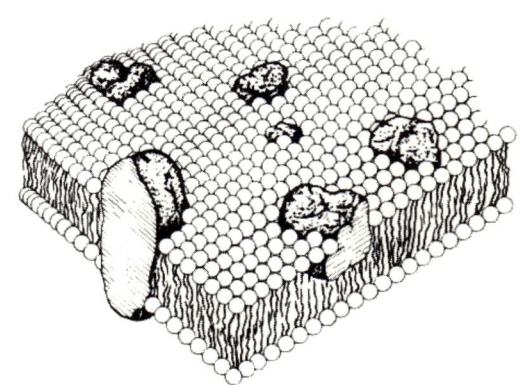

**図3.1　生体膜の流動モザイクモデル**
シンガーとニコルソンは細胞膜が流動的である様子を"細胞膜や核膜のような生体膜はリン脂質の海にタンパク質の島が漂うような構造である"と表現した。

　さて細胞膜を構成するリン脂質について考えてみよう。1940年にイギリスの化学者ヒルデブランド（P. Hildebrand）は，溶質の溶媒への溶解性を研究して次のような経験式を得た。

$$\delta = \sqrt{\Delta E / V}$$

ここで，$\Delta E$ は溶媒または溶質のモル体積であり，V は溶媒または溶質のモル蒸発熱である。また $\delta$ は"Hidebrand の溶解パラメーター"と呼ばれる。

Hildebrand は，さまざまな化学物質の $\delta$ 値を実験的に求めて「$\delta$ 値が近似する溶媒と溶質は互いに溶け合う」と推定し，さらに「イオン化傾向の大きな物質や分子内の電子分布に偏りのある物質の $\delta$ 値は相対的に大きい」と推定して極性についての基礎概念を発表した。もとより Hildebrand の説は経験則に基づくものであって現在の化学的極性論からすれば誤りの点もあるが，彼の説は細胞膜の流動性を直感的に理解するうえで有用と思われるので以下に紹介する。なお極性についての化学的詳細は成書を参照されたい。

さて Hildebrand によれば，分子中のカルボニル基（$-COO^-$）やリン酸基（$PO_4^{3-}$）のように電子が偏ってイオン化しやすい部分の $\delta$ 値は相対的に大きく，$\delta$ 値の大きな水に溶解しやすく（親水性部），他方，脂肪酸や直鎖炭化水素のアルキル基（$CH_3(CH_2)_n-$）のような部分は電子が一様に分布して相対的に $\delta$ 値は小さく水に溶解しにくい（疎水性部）。

表 3.1　Hildebrand の溶解パラメーター

| 溶媒または溶質 | 溶解パラメーター（$\delta$ 値） |
|---|---|
| $n$-ペンタン | 7.1 |
| $n$-ヘキサン | 7.3 |
| $n$-ヘプタン | 7.4 |
| ジエチルエーテル | 7.4 |
| クロロホルム | 9.1 |
| テトラヒドロフラン | 9.1 |
| ベンゼン | 9.2 |
| アセトン | 9.4 |
| エタノール | 11.2 |
| 酢酸 | 12.4 |
| メタノール | 12.9 |
| 純水 | 21.0 |

このような考え方からすれば，細胞膜の構成物質であるリン脂質は，その分子中に親水性部のリン酸基と疎水性部のアルキル基の両方をもつ両親媒性化合物と理解することができる。したがってリン脂質を水に滴下すると，水中で個々のリン脂質分子は内側に疎水性部同士が向かい合って位置し，また親水性部は外側に位置して外部の水相と接触できる二分子層を形成する。

なお一般的な細菌（真正細菌，eubacteria）の細胞膜を構成するリン脂質は，疎水性部である直鎖脂肪酸がグリセリンの水酸基にエステル結合した構造であるが，極端な高温環境や高塩濃度環境でも増殖できる古細菌（archaebacteria）[1] と呼ばれる一群の細菌の細胞膜を構成するリン脂質は，メチル分岐をもつ疎水性部がグリセリンにエーテル結合した構造である。これはエステル結合に比べてエーテル結合が高温で安定であり，また分岐構

造が細胞膜の流動性を減少させるため高温や高塩濃度など極限環境下での生存を有利にするためと理解されている。

> 1) 真正細菌と古細菌はしばしば自然界で共存して生存している。したがって両者の間に明確な分類学的区別はなく，古細菌細胞膜の特殊な構造は環境への適応の結果であろう。

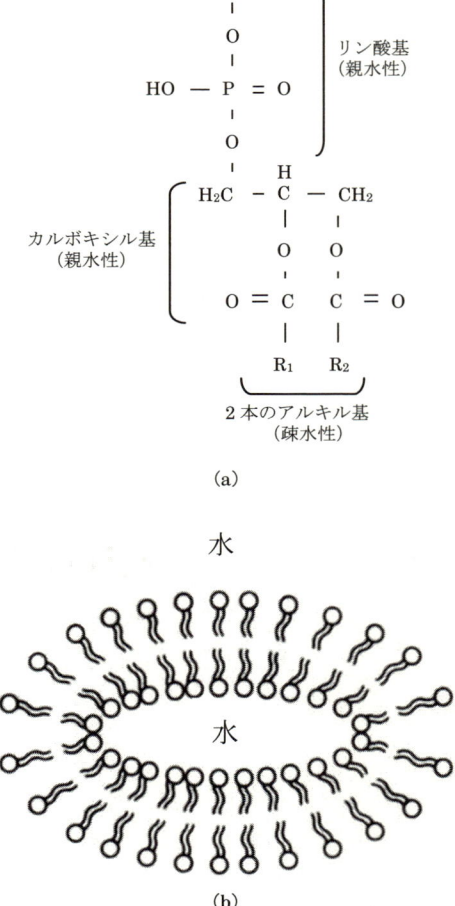

図3.2 リン脂質の構造と二分子層

(a) リン脂質にはリン酸基，脂肪酸のカルボキシル基，および脂肪酸のアルキル基が存在する。Hildebrand の経験説に従うなら，リン酸基とカルボキシル基は電子の分布が偏っているので相対的に親水性を示し，他方，アルキル基は電子が一様に分布しているので疎水性を示す。このような両親媒性物質を模式的に描く場合，化学的慣習から親水性部分を丸（○）で描き，疎水性部分は二本の実線で表わされる。(b) リン脂質のような両親媒性物質は，水中では親水部（図中の丸印）を水に向け，疎水部どうしは水を避けて向かい合って二分子層の袋状（ミセル）となる。細胞膜はミセル構造に基づく。

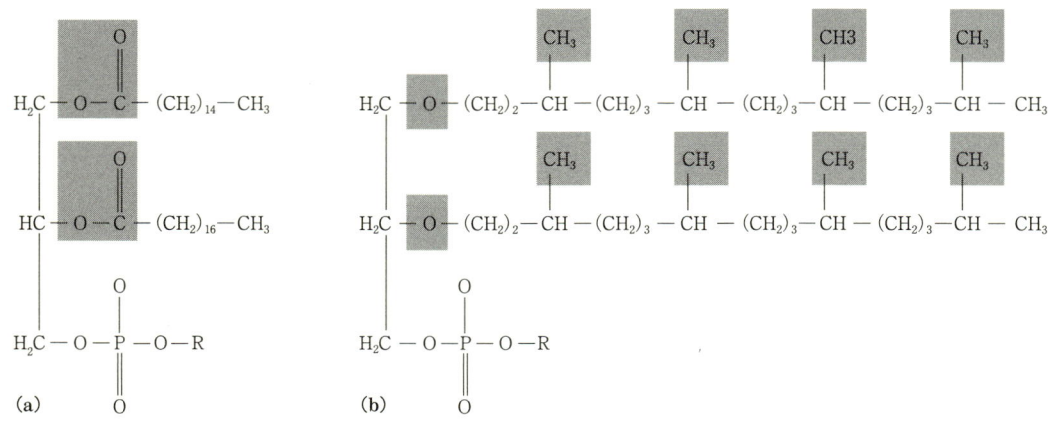

**図 3.3　真正細菌と古細菌の細胞膜**
(a) 真正細菌細胞膜リン脂質のエステル結合, (b) 古細菌細胞膜リン脂質のエーテル結合とメチル分岐

　他方, 細胞膜に挿入されているタンパク質分子も, 膜の内部に埋もれた部分にはトリプトファンやプロリンなどの疎水性アミノ酸分子が多く存在して**疎水性タンパク質**としての傾向を示し, また細胞膜の外側に露出して水と接する親水的部分はリジンやグルタミン酸などの親水性アミノ酸分子が存在して**親水性タンパク質**としての傾向を示す。

　これらのタンパク質は外部からの刺激や情報に対する**受容体**（レセプター, receptor）としての役割を果たすとともに, 濃度勾配や浸透圧勾配に逆行して栄養物質などを選択的に細胞外部から細胞内部へ移動する**能動輸送**[2]や, 細胞内部から細胞外部への物質の**分泌**の役割を担い, さらには細胞膜の強度を増加するなど, 微生物細胞の生命活動に必須の役割を果たしている。

> [2] 濃度勾配や浸透圧勾配に従って物質を移動させる輸送態様を**受動輸送**という。

## 3.2　運動器官

　ある種の微生物, 特に細菌類には細胞膜から派生する**鞭毛**や**繊毛**（あるいは**線毛**）という器官が存在し, 微生物はこれらを回転させて位置の移動（運動）を行う[3]。そのような役割から, 鞭毛や繊毛は微生物の運動器官と理解される。

> [3] 鞭毛や繊毛のない微生物はブラウン運動によって位置の移動を行う。なお「ブラウン運動は物体の周囲の小さな分子の熱運動による衝突を受けて起きるランダムな運動」（今堀和友, 山川民夫監修；生化学辞典, 東京化学同人, 1984）という定義からすれば, 微生物細胞のブラウン運動は周囲の水分子の熱運動によって起きる細胞の不規則運動と理解される。

鞭毛は細胞の長軸末端から派生する1本あるいは数本の太くて長い繊維状タンパク質であり，また繊毛は細胞の周囲に密生する細くて短い繊維状タンパク質である。しかし両者を構成する繊維状タンパク質の一次構造（アミノ酸の配列順序）は異なっているので，鞭毛を構成するタンパク質をフラジェリン（flagellin）と呼び，繊毛を構成するタンパク質をピリン（pillin）と呼んで区別している。

他方，鞭毛と繊毛の構造には多くの共通点もあり，たとえば両者ともに分子量20,000から40,000程度の繊維状タンパク質が細胞膜から派生し，支持体である細胞壁を貫通して細胞外部へ伸びている。したがってリゾチームなどの酵素で完全に，あるいは部分的に細胞壁を除去したプロトプラストあるいはスフェロプラストでは，支持体構造が失われるため鞭毛や繊毛は十分な回転運動ができなくなり，その結果，細胞の運動も抑制される。

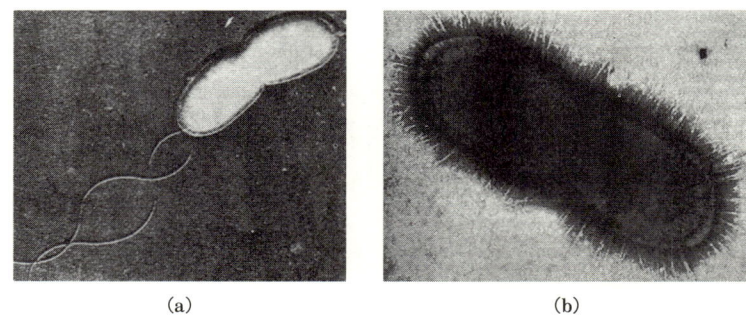

図3.4 鞭毛（a）と繊毛（b）
（M. Frobisher, Fundamentals of Microbiology 8th ed., (1968) p. 116, W. B. Saunders Co.,）

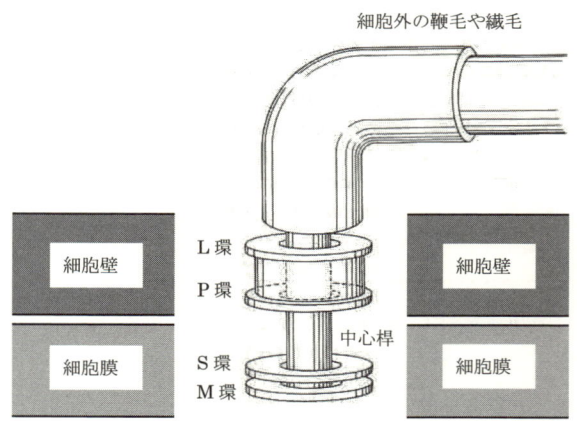

図3.5 鞭毛や繊毛の概念
鞭毛や繊毛は中心桿とそのまわりの環構造によって微生物細胞と連結し，S環とM環は細胞膜に埋め込まれ，L環とP環は細胞壁に埋め込まれている。リゾチームなどの処理によって細胞壁が除かれるとL環とP環は支持体を失い，鞭毛や繊毛は十分な回転運動を行えなくなる。

微生物が浮遊する液（**懸濁液**，suspension）に化学物質が存在すると，微生物は運動

器官やブラウン運動などによって，化学物質濃度が細胞にとって最も適当な濃度となる位置に移動する。たとえば栄養物のような**誘引物質**（attractant）が存在すると，微生物は誘引物質が高濃度で存在する位置に向かって集まり，あるいは化学物質が微生物にとって毒性物質として作用する**忌避物質**（repellant）の場合には逆にその物質から離れて濃度が最も低くなる位置に移動する。このような化学物質に対する微生物の挙動を**走化性**（chemotaxis）という。

同様に微生物にとっては空気中の酸素分子（$O_2$）が誘引物質や忌避物質となる場合があり，微生物は運動器官やブラウン運動などによって適当な酸素濃度の位置に移動する。このような性質を**走気性**（aerotaxis）という。

走化性や走気性は鞭毛や繊毛の有無にかかわらずブラウン運動によっても生じる微生物に共通の運動性であるが，ブラウン運動による位置の移動効果は鞭毛や繊毛による積極的な運動に比べて劣ると考えられている。

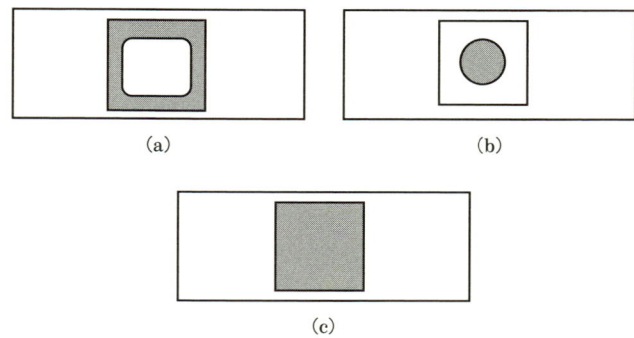

**図 3.6　微生物の走気性**

鞭毛や繊毛をもつ微生物懸濁液をスライドグラスに滴下してカバーグラスで被うと，（a）酸素分子を誘引物質とする好気性微生物は酸素濃度が最大であるカバーグラス周縁部に集まり，（b）酸素分子を忌避物質とする偏性嫌気性微生物は酸素濃度が最少となるカバーグラス中央部に集まり，さらに（c）酸素分子を誘引物質とも忌避物質ともしない通性嫌気性微生物はカバーグラス全面に一様に分布する。なお好気性微生物，偏性嫌気性微生物および通性嫌気性微生物については第 5 講を参照。

# 第4講　微生物の増殖と栄養源

## 4.1　増殖と培地

　微生物が生存し，細胞数をふやすことを**増殖**（growth）という。微生物が増殖するためには，細胞構成物質合成やエネルギー生産の材料が必要であるが，このような材料を**栄養源**と呼び，また種々の栄養源を混合した液体や固体を**培地**（medium）[1]という。さらに培地を用いて人為的に微生物を増殖させる操作を**培養**（culture あるいは cultivation）という。

> 1)　栄養源を脱イオン水などに溶解して水溶液とした培地を**液体培地**といい，液体培地に数パーセントの寒天などを添加して固化した培地を**固形培地**という。

　微生物が増殖に必要とする栄養源の種類，すなわち微生物の**栄養要求性**は多岐にわたっているので原則的には微生物ごとに最適の培地を**調製**する必要がある。他方，微生物の細胞を構成する元素やそれらの生理的役割は微生物全体に共通であり，したがって栄養要求性が共通する微生物も多い。このような観点から，多くの微生物が共通して利用することができる動植物性タンパク質の加水分解物や酵母抽出物[2]を栄養源として培地を調整することも可能であり，また経済性を重視する場合には食品加工残渣などの有機性廃棄物を用いる場合もある[3]。これらはいずれも，天然の物質に由来する培地であるので**天然培地**（natural medium）と呼ばれる。

> 2)　国内外のメーカーが，ペプトン（タンパク質加水分解物）や酵母エキス（酵母細胞抽出物）などの名称で乾燥粉末品として販売している。これらを所定濃度の水溶液とし，培地成分として用いる。

> 3)　タンパク質加水分解物や酵母抽出物など以外の有機物を栄養源として増殖できる性質を**資化性**といい，たとえば有機廃棄物を栄養源として増殖できる微生物を**有機廃棄物資化微生物**という。

　しかし天然培地に含まれる栄養源の種類や濃度は不明な場合が多く，また市販の培地製品を用いる場合には製造会社などによって栄養源の種類や濃度が一定していない場合も多

い．したがって極めて厳密な栄養要求性や特殊な栄養要求性を示す微生物の増殖には天然培地は不適当であり，栄養源の種類や濃度が一定で組成が明確な培地を調製して用いる必要がある．このような培地を**合成培地**（synthetic medium）という．

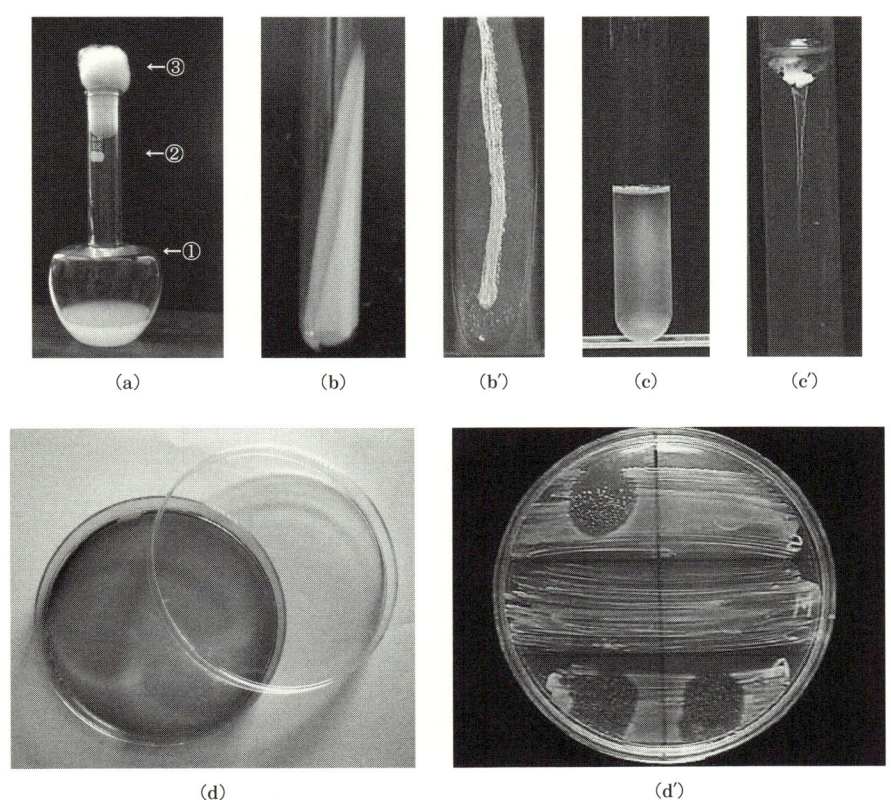

**図 4.1　液体培地と固形培地**

（a）液体培地．写真に示すフラスコは，日本の微生物科学の先駆的研究者である坂口謹一郎博士によって考案された**坂口肩付きフラスコ**．少量の液体培地を入れて振盪すると内部の培地はフラスコ"肩"（①）によって反転攪拌されるので通気性が増大し，好気微生物の培養に適する．また液体培地を"首"（②）まで入れて静置すると空気との接触面積が少なくなって嫌気状態に近い状態となり嫌気環境での微生物培養が可能となる．なお③は"綿栓（めんせん）"と呼ばれ，空気は通過できるものの空中浮遊微生物は綿繊維に捕捉されてフラスコ内部には侵入できないので微生物培養に頻用される．(b), (b')：固形培地．写真は試験管内に斜面状態とした固形培地（**斜面培地**あるいはスラントと呼ばれる）と，その表面に増殖した微生物．扱いが容易な利点がある．(c), (c')：固形培地．試験管内に水平に固形化した培地で**穿刺**（せんし）**培地**と呼ばれるが，この培地内部は嫌気状態であるので偏性嫌気微生物を培地内部に埋め込んで（穿刺して）培養することができる．(d), (d')：固形培地．ペトリ皿内に調製した固形培地（**寒天平板培地**という）と，その表面に増殖した微生物．ペトリ皿を用いる寒天平板培地は培養面積が大きく，また培地表面を分割して使用できる．

## 4.2　栄養源

さて表 4.1 や表 4.2 に示すように，微生物細胞内には細胞有機物質を構成する炭素元素やタンパク質や核酸を構成する窒素元素が多く存在する．炭素元素を供給する栄養源を**炭**

### 表 4.1　微生物細胞を構成する主要な元素

| 元　　素 | 細胞乾燥単位重量当たりの重量%（w/w） |
|---|---|
| 炭素 | ～50 |
| 酸素 | ～20 |
| 窒素 | ～20 |
| 水素 | ～11 |
| リン | ～10 |
| 硫黄 | ～1 |
| カリウム | ～1 |
| ナトリウム | ～1 |
| カルシウム | ～0.8 |
| マグネシウム | ～0.5 |
| 鉄 | ～0.1 |
| その他の微量元素の合計 | ～1 |

～：重量パーセントに幅のあることを示す。たとえば表中の「炭素　～50％」は「最大で50％程度」であることを示す。

### 表 4.2　主要元素の代表的生理機能

| 元　　素 | 代表的生理機能 |
|---|---|
| 炭素 | 細胞構成有機物質の構成成分 |
| 酸素 | 細胞内の水や細胞構成有機物質の構成成分 |
| 窒素 | 細胞構成含窒有機物質（タンパク質，核酸など）の構成成分 |
| 水素 | 細胞内の水や細胞構成有機物質の成分 |
| リン | 核酸やリン脂質の構成成分 |
| 硫黄 | 含硫タンパク質，システインなどの含硫アミノ酸，補酵素類の構成成分 |
| カリウム | 浸透圧調整，イオンチャンネルの開閉，刺激の伝達 |
| ナトリウム | 浸透圧調整，イオンチャンネルの開閉，刺激の伝達 |
| カルシウム | 刺激の伝達，酵素の補助因子 |
| マグネシウム | タンパク質合成の補助因子，酵素の補助因子 |
| 鉄 | 電子伝達系の構成成分，酵素の補助因子 |

　なお表に示してはいないが，水は微生物細胞の全重量で大きな割合を占め，物質を溶解する溶媒として作用し，あるいは浸透圧調整の役割を果たすなど，すべての微生物に必須の栄養源である。

### 表 4.3　天然培地の例

| 成　　分 | 脱イオン水1リットルに加える重量 |
|---|---|
| ペプトン | 10 グラム |
| 酵母エキス | 5 グラム |
| 塩化ナトリウム | 10 グラム |
| （溶解後，溶液のpHを調整） | |

　表に示した組成の Luria-Bertani 培地（LB 培地）は，ほとんどすべての微生物の増殖に適する代表的な天然培地である。上記の成分を脱イオン水に溶解後，水酸化ナトリウム溶液あるいは塩酸で容液のpHを中性領域から弱アルカリ性領域に調整し，高圧蒸気滅菌して使用する。

## 表 4.4 合成培地の例

(a) Sauton 培地

| 成　　分 | 脱イオン水1リットル当たりの添加重量あるいは添加容量 |
|---|---|
| L-アスパラギン | 4 グラム |
| クエン酸 | 2 グラム |
| リン酸水素二カリウム | 0.5 グラム |
| 硫酸マグネシウム | 0.5 グラム |
| クエン酸アンモニウム | 0.05 グラム |
| グリセリン | 0.6 ミリリットル |
| トゥイーン | 0.1 ミリリットル |

　　Sauton 培地は *Mycobacteria* 属の培養に適する合成培地である。上記の成分を脱イオン水に溶解した後，天然培地と同様に pH を中性領域に調整し，高圧蒸気滅菌して使用する。なおトゥイーンは合成界面活性剤の一種。

(b) 最少塩類培地

| 成　　分 | 脱イオン水1リットル当たりの添加重量 |
|---|---|
| 硫酸アンモニウム（$(NH_4)_2SO_4$） | 1.0 グラム |
| リン酸一水素二カリウム（$K_2HPO_4$） | 1.0 グラム |
| リン酸二水素一ナトリウム（$NaH_2PO_4$） | 0.2 グラム |
| 硫酸マグネシウム 7 水和物（$MgSO_4 \cdot 7H_2O$） | 0.2 グラム |
| 塩化ナトリウム（NaCl） | 0.05 グラム |
| 塩化カルシウム（$CaCl_2$） | 0.05 グラム |
| 塩化第二鉄 6 水和物（$FeCl_3 \cdot 7H_2O$） | 0.0083 グラム |
| 塩化マンガン 4 水和物（$MnCl_2 \cdot 6H_2O$） | 0.0014 グラム |
| 酸化モリブデンナトリウム 2 水和物<br>　　　　　　　　（$NaMoO_4 \cdot 2H_2O$） | 0.0017 グラム |
| 塩化亜鉛（$ZnCl_2$） | 0.001 グラム |

　　最少塩類培地は窒素源（硫酸アンモニウム）と微量元素類（無機塩類と重金属塩類）のみを含み，炭素源を含まない。したがって実験目的に合致する適当な化合物を炭素源として選択し添加することができ，また炭素源の資化性を試験することもできる。なお表には筆者らの研究室で用いている最少塩類培地を示したが，微生物によっては他の塩類やビタミン類などの微量元素類を添加する場合もある。上記の成分を脱イオン水に溶解後，天然培地と同様に pH を中性領域に調整し，高圧蒸気滅菌して使用する。

素源（carbon sources あるいは C 源と略記されることもある）いい，同様に窒素元素を供給する物質を**窒素源**（nitrogen sources, N 源）という。

　また微生物細胞には核酸や細胞膜リン脂質などの成分であるリン元素や，タンパク質や一部の補酵素に含まれる硫黄元素，細胞の浸透圧調整に関与するカリウムイオンやナトリウムイオン，あるいは細胞が受け取る情報（刺激）の伝達に関与するカルシウムイオンなどの無機塩類が存在し，さらにタンパク質合成に必須のマグネシウムや，酵素や補酵素の成分である亜鉛，鉄，銅などの重金属類も微量ではあるが微生物の増殖に重要な役割を果たしている。これらの無機塩類や重金属類は**微量栄養源**と呼ばれる。

(1) 炭 素 源

　一般的に微生物は糖類から炭素を得ることが多く，特にブドウ糖（グルコース，glucose）は大部分の微生物が直接的な炭素源として利用する。またショ糖（スクロース，sucrose）などの二糖類や，デンプンなどの多糖類を炭素源として培地に添加することも

あるが，ショ糖は微生物のインベルターゼ（invertase）などの二糖分解酵素によって，あるいはデンプンはアミラーゼ（amylase）などの多糖分解酵素によって最終的にはブドウ糖にまで加水分解される。なお少糖類や多糖類が微生物によってブドウ糖に転換される反応を**糖化**という。

ブドウ糖の一部は細胞構成物質あるいは構成物質の合成材料として利用されるが，一部はピルビン酸に変換された後に二酸化炭素や有機酸へ酸化され，その過程で**生体エネルギー**である **ATP**（アデノシン三リン酸：adenosine triphosphate）が産生される。したがって細胞構成物質の直接的材料となる物質だけではなく生体エネルギー生産の材料となる物質をも含めて炭素源（栄養源）というが，後に述べる電子供与体と混同してはならない。

また一般に微生物は，数パーセント（w/v，重量比）の糖類を炭素源として利用するが，数十パーセント（w/v）以上の高濃度糖類は逆に微生物の増殖を抑制することもある。このような効果を**静菌効果**[4]という。いわゆる"砂糖漬け"によって果実などの食品の保存が可能となるのは静菌効果による。なお静菌効果については第6講でもふれる。

> [4] 冷蔵庫のように食品を低温で保存して微生物増殖を抑制する方法も静菌効果に基づく。したがって静菌効果は，糖類濃度や環境温度などの抑制原因を取り除くと微生物増殖が回復する可逆的増殖抑制効果である。これに対して第6講で述べる加熱などの殺菌効果は，原因を除いても微生物増殖が回復しない非可逆的増殖阻止効果である。

他方，一般的にはラン藻と呼ばれている藻類（たとえばシアノバクター属：*Cyanobacter* 属など）や，単体硫黄（$S^0$）を硫酸イオン（$SO_4^{2-}$）や亜硫酸イオン（$SO_3^{2-}$）へ酸化する能力をもつ硫黄酸化細菌（たとえばクロマチウム属：*Chromatium* 属やロドバクター属：*Rhodobacter* 属など）の一部の細菌類は，**バクテリオクロロフィル**と呼ばれる葉緑素をもち，光合成によって二酸化炭素を同化して糖類を自給し，炭素源として利用する。このような微生物を**独立栄養微生物**（autotrophic microorganisms）という。すなわち独立微生物を培養する場合，十分な光エネルギーと二酸化炭素濃度が存在するなら，外部から炭素源を培地に添加することは必須ではない。

なお独立栄養微生物とは異なって糖類などの炭素源を外部から培地に添加することが必須の微生物を**従属栄養微生物**（heterotrophic microorganisms）という。

(2) 窒 素 源

多くの微生物は，ほとんどすべての天然含窒有機物と硫酸アンモニウム塩などの一部の含窒無機物を窒素源として利用できる。

またリゾビウム属（*Rhizobium* 属）やアゾトバクター属（*Azotobacter* 属）など**根粒菌**と呼ばれる一群の微生物はマメ科植物の根圏に存在し，これらの植物と共生的に，あるいは非共生的[5]に大気中の窒素分子（窒素ガス）をアンモニウム塩に還元して窒素源として利用する。このような窒素の利用態様を**窒素固定**（nitrogen fixation）という。なお微生物が関与する自然界の窒素循環については第11講で詳しく述べる。

> 5) 窒素固定によって得たアンモニウム塩を自身の窒素源として利用するとともにマメ科植物にも供給し，同時にマメ科植物から炭素源などの栄養源の一部を供給される根粒菌を共生的な窒素固定菌という。またアンモニウム塩を自身の窒素源としてのみ利用する根粒菌を非共生的な窒素固定菌という。なお非共生的根粒菌がマメ科植物から窒素源以外の栄養源を供給されるか否かは根圏環境に支配される。

(3) 微量元素類

　前述のように種々の無機塩類や重金属類あるいはビタミン類などは，極めて低濃度でも微生物の増殖を促進することから微生物の栄養源として重要な役割を果たしている。特に鉄やマグネシウムなどの重金属類は微生物にとって不可欠な微量元素であることから**必須微量元素類**と呼ばれる。

　他方，これらの重金属類は，微生物細胞乾燥重量1ミリグラム当たり0.1ナノグラムから2ナノグラム[6]程度存在する場合には必須微量元素として作用するが，細胞外部の重金属濃度が上昇すると細胞内部の重金属濃度も上昇して毒性が発現され，極端に高濃度の重金属が存在すると微生物は死滅する。

> 6) 1ミリグラム（1 mg）：$10^{-3}$グラム，1マイクログラム（1 μg）：$10^{-6}$グラム，1ナノグラム（1 ng）：$10^{-9}$グラム，1ピコグラム（1 pg）：$10^{-12}$グラムなど。

　このような致死的毒性は，細胞内で起きる生化学的酸化還元反応（細胞内での電子の移動）を遊離重金属イオンが阻害することや，変則的な電子移動によって細胞膜や細胞壁に小孔が形成されて細胞内容物が漏出することによって発現する。

　しかし増殖抑制毒性は発現されるものの死滅には至らない程度の遊離重金属イオン濃度

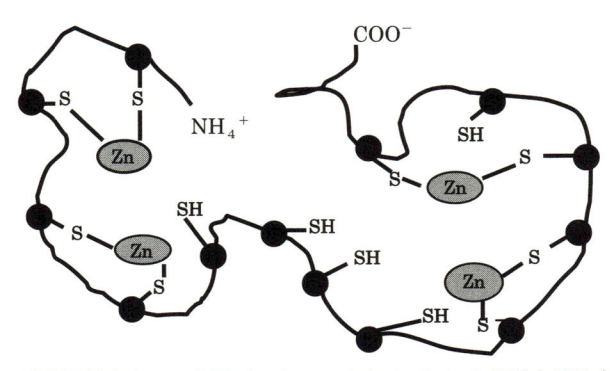

**図4.2　重金属結合タンパク質（メタロチオネイン）による重金属結合の概念**
メタロチオネインはシステイン残基（図では●）を多く含むタンパク質であり，このアミノ酸のチオール基（−SH基）によって重金属を結合する。図には亜鉛結合の概念を示したが，多くの場合には1分子のメタロチオネインに4原子から8原子の重金属が結合する。図中の$COO^-$および$NH_4^+$はそれぞれタンパク質のC末端およびN末端を示す。

（多くの場合，微生物細胞乾燥重量1ミリグラム当たり数百ナノグラム程度）では，微生物は細胞内にメタロチオネインに代表される重金属結合タンパク質を新たに合成し，このタンパク質に重金属を包み込んで遊離重金属イオン濃度を低下させる。細胞内部の化学的状態を一定に保つ細胞の作用を**恒常性**（ホメオスタシス）の維持というが，重金属結合タンパク質の合成は微生物の代表的な恒常性維持機構である。

なおメタロチオネインのように，細胞を取り巻く環境によって新たなタンパク質が合成される現象をタンパク質の**誘導**といい，新たに合成されるタンパク質を**誘導タンパク質**という。また重金属類のように誘導タンパク質合成の原因となる物質を**誘導源**という。誘導は微生物に特徴的な現象であり，微生物機能を利用する応用微生物学の分野ではさまざまな培養方法によって新たなタンパク質を誘導し，目的の微生物機能を増強することが重要となる。

誘導源の有無にかかわらず，微生物細胞が生命活動維持のためにはじめからもっているタンパク質を**構成タンパク質**という。

# 第 5 講　微生物の増殖と環境因子

## 5.1　酸素分子

　第3講で述べたように微生物は，酸素分子（$O_2$）を誘因物質として増殖に酸素を要求する群，あるいは酸素を忌避物質として酸素は増殖に阻害的に作用する群とに区別される。前者を**好気性微生物**（あるいは好気菌ともいう；aerobic microorganisms あるいは aerobes）といい，後者を**偏性嫌気性微生物**（あるいは絶対嫌気菌；obligate anaerobic microorganisms あるいは obligate anaerobes）という。さらに酸素が増殖に影響を及ぼさない微生物群が存在し，これらは**通性嫌気性微生物**（あるいは通性嫌気菌；facultative anaerobic microorganisms あるいは facultative anaerobes）と呼ばれる[1]。

> 1) 偏性嫌気性微生物を単に"嫌気性微生物"あるいは"嫌気菌"と呼ぶ場合もあるが，通性嫌気性微生物との区別が明確ではないことから微生物科学的には不適当な表現である。

　好気性微生物は酸素が十分に存在する環境下でのみ増殖が可能であることはすでに述べたが，これは有機物の代謝によって生じる電子（$e^-$）が最終的に酸素分子に受け取られるためであり，結果的に酸素分子は還元されて水分子（$H_2O$）や二酸化炭素分子（$CO_2$）が生成する。このような細胞内の電子の移動を**細胞呼吸**というが，以上からすれば好気微生物が行う細胞呼吸は，酸素分子を**最終電子受容体**とする**好気呼吸**である。

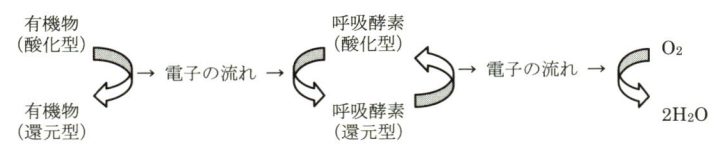

図 5.1　好気呼吸における電子の流れと最終電子受容体

　また好気呼吸によってブドウ糖が完全酸化される場合の自由エネルギーの変化は（式5.1）で示されるが，炭素源となる有機物を好気呼吸で酸化する場合には多量の自由エネルギーすなわち多量の生体高エネルギー化合物（すなわちアデノシン三リン酸，ATP）が生産される。

$$C_6H_{12}O_6 \longrightarrow 6CO_2 + 6H_2O + 688\,\text{kcal} \qquad (式5.1)$$

したがって好気呼吸を行う好気性微生物と通性嫌気微生物の増殖は速やかで増殖細胞量も多く，また物質を酸化分解する活性も高い。

他方，メタンガスを生成するメタン菌[2]や，食中毒原因菌ともなるクロストリジウム属（$Clostridium$ 属）に代表される偏性嫌気性微生物[3]の最終電子受容体は有機物である。すなわち，ある有機物の代謝によって生じる電子は，その有機物よりも還元電位の低い他の有機物（電子を受け取りやすく，したがって還元されやすい他の有機物）に受け取られる。

> 2） 一般にメタン菌と呼ばれている微生物は単一の菌種を意味するのではなく，$Methanobacter$ 属として分類される複数菌種混合体をいう。

> 3） 偏性嫌性微生物の細胞内には，酸素分子から派生するスーパーオキシドラジカル（・$O_2^-$）や過酸化水素（$H_2O_2$）の分解酵素であるカタラーゼ（catalase）やパーオキシダーゼ（peroxidase）が存在しない。したがって好気環境下では，酸素分子に由来するこれらの過酸化分子種が偏性嫌気性微生物の細胞膜リン脂質を攻撃して細胞膜に小孔を形成し，この小孔から細胞内容物が漏出して微生物は死滅すると理解されている。

このような細胞呼吸は**無気呼吸**という。特に有機物を最終電子受容体とする無機呼吸は，古くから私たちの生活と関係していることから**発酵**と呼び，たとえば酵母によるアルコール（エタノール）生成は**アルコール発酵**と呼ばれ，あるいは乳酸菌による乳酸生成は**乳酸発酵**と呼ばれる。

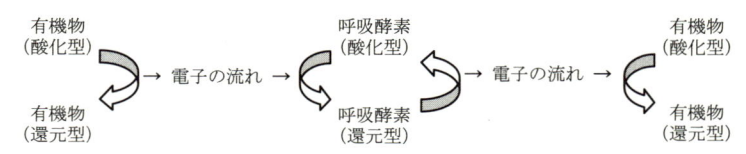

**図5.2 発酵における電子の流れと最終電子受容体**

一般に発酵で得られるエネルギーは好気呼吸で得られるエネルギーよりもはるかに少なく（すなわち，ATP生産が少なく），したがって偏性嫌気性微生物の増殖は好気性微生物のそれよりも劣る。しかし発酵では有機物が完全酸化されないので，酸化中間体である有用物質を回収できる利点もある。

ブドウ糖を炭素源とするビール酵母（あるいはパン酵母ともいう）$Saccharomyces\ cerevisiae$ のエタノール発酵の自由エネルギー変化は次式で表される。

$$C_6H_{12}O_6 \longrightarrow 2CH_3CH_2OH + 2CO_2 + 58\,\text{kcal} \qquad (式5.2)$$

## 5.1 酸素分子

```
                    (1) CH₂OH(CH(OH))₄CHO
                         (1)ブドウ糖
                              ↓
(2)CH₃CH(OH)COOH ← (2)CH₂COCOOH  —CO₂→  (2)CH₃CHO
   (2)乳酸           (2)ピルビン酸           (2)アセトアルデヒド
                              │                ↓        ↘
                           +CO₂          (2)CH₃CH₂OH   (2)CH₃COOH
                              │           (2)エタノール   (2)酢酸
                         ↙        ↘
              (2)CH₃COCH₂COOH   (2)HOOCCH₂COCOOH
                (2)アセト酢酸       (2)オキサロ酢酸
                    ↓                  ↓
              (2)CH₃CH(OH)COCH₃   (2)HOOCCH₂CH(OH)COOH
                 (2)アセトイン        (2)リンゴ酸
                                       あるいは
                                  (2)HOOC(CH₂)₂COOH
                                       (2)コハク酸
```

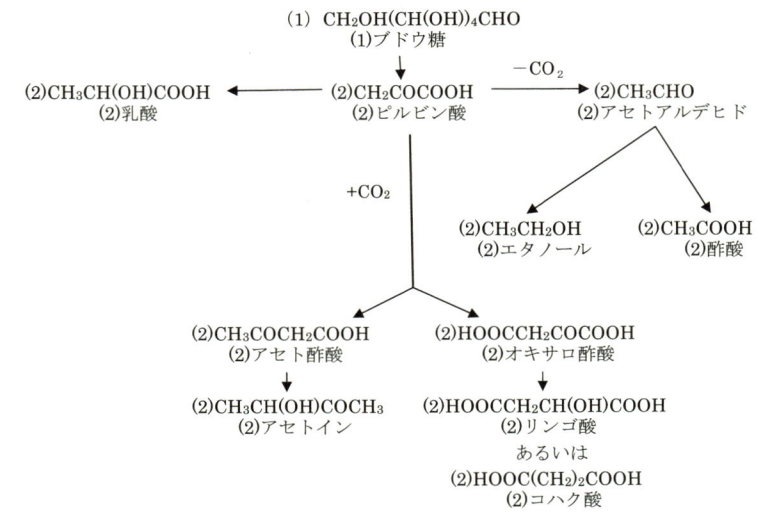

**図 5.3　ブドウ糖を出発物質とする発酵の概要**

ブドウ糖（グルコース）はピルビン酸に変換された後、さまざまな中間体を経て還元され、最終電子受容体となる有機化合物（最終発酵生産物）によって乳酸発酵、エタノール発酵、酢酸発酵、有機酸発酵あるいはアセトイン発酵などと呼ばれる（ただしアセトインは、さらに 2,3-ブタンジオール（$CH_3CH(OH)CH(OH)CH_3$）に変換される場合が多い）。なお図中の化学式や名称に併記した括弧内の数字は、1 モルのブドウ糖を出発物質とした場合の生成モル数を示す。

（式 5.2）は 1 モル（180 グラム）のブドウ糖から 2 モルのエタノール（2×46 グラム＝92 グラム）と 2 モルの二酸化炭素（2×44 グラム＝88 グラム）が生成し、このとき 58 kcal の発酵熱が生産されることを示すが、同時に（式 5.3）からエタノール発酵における理論的な**対糖モル収率**が算出される。

$$\text{対糖モル収率} = (\text{生成エタノールのモル重量}／\text{グルコース 1 モルの重量}) \times 100$$
$$= (92/180) = 51.1\% \quad\quad\quad (式 5.3)$$

すなわち対糖モル収率は、ブドウ糖を発酵基質とした場合のエタノールの理論的収率であるが、他の基質を用いる発酵の場合にも（式 5.2）および（式 5.3）と同様にモル収率を算出することができる。したがって実際の発酵操作においては生成物収率を理論的なモル収率に近似させるために酸素分圧をはじめとするさまざまな環境因子設定が行われる。

通性嫌気性微生物は、酸素分子の有無にかかわらず増殖できる微生物であり、酸素分子の濃度（酸素分圧）に依存して好気呼吸と無気呼吸とを切り替えることができる。したがって通性嫌気性微生物は、過酸化分子種の分解に関与するカタラーゼやパーオキシダーゼなどの酵素を構成酵素として備えているか、あるいは比較的容易にこれらの酵素を誘導合成できると考えられる。

また多くの通性嫌気性微生物は、培地などの環境中に硝酸塩や硫酸塩のような無機塩類

が存在すると，これらの無機塩類を最終電子受容体として有機物を酸化し，その過程でエネルギー（ATP）を獲得する。このような呼吸を**無機塩呼吸**といい，無気呼吸の一種である。無機塩呼吸で得られるエネルギー量や生成物の種類（すなわち有機物の酸化の程度）は，無機塩の種類や濃度あるいは微生物の種類によって異なるが，好気呼吸と発酵との中間と考えられる。

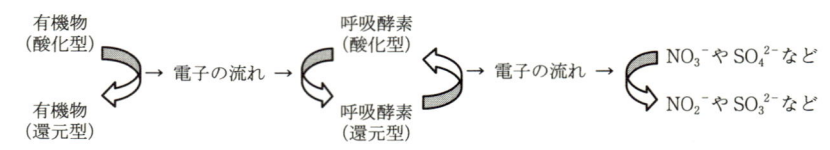

図5.4 無機塩呼吸における電子の流れと最終電子受容体

微生物が好気性微生物群や偏性嫌気性微生物群，あるいは通性嫌気性微生物群にわかれた理由について明確な説明はないが，生命の発生と進化の観点から推定することが可能である。すなわち太古の地球を取り巻く大気中には未だ酸素は存在しなかった。したがって最初に地球上に出現した原始生命体あるいは原始細胞は偏性嫌気性であり，これらが現存する偏性嫌気性微生物に進化したと推定される。その後，大気環境中に酸素が出現し，その濃度増加にともなって偏性嫌気性原始細胞はカタラーゼやペルオキシダーゼなどの過酸化分子種に対する防御機構を獲得して現在の通性嫌気性微生物を経て好気性微生物へ進化したと推定される。

では最初の原始生命体あるいは原始細胞はどのようにして地球上に発生したのか。1953年に，米国シカゴ大学の大学院生であったミラー（S. Miller）は図5.5に示す装置を組み立て，原始大気に似せたメタン，アンモニア，水素，および水蒸気などから成る気体の混合物と（酸素分子は含まれない），海水を模した無機塩類の水溶液をフラスコの中に封入し，さらに放電して電気エネルギーを供給しながら加熱した。数週間後にフラスコ内の水溶液を分析したところ，現在の地球上のすべての生命体に共通する生体構成基本有機物

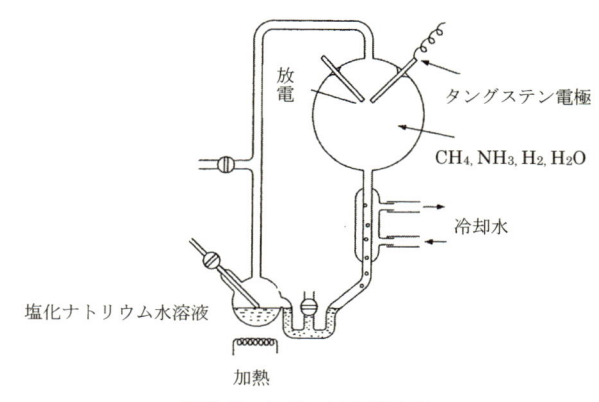

図5.5 ミラーの実験装置

であるアミノ酸（第 2 講，表 2.2）の一部が検出されたと報告した。この結果から彼は，原始大気中の有機気体と無機気体および無機塩類容液が原始地球に豊富であった電気エネルギーや熱エネルギーあるいは紫外線や放射線などのさまざまなエネルギーを受け，原始的生命体である有機粒子が形成されたのであろうと推定して生命の化学進化説を提唱した。したがってミラーの説によるなら，有機粒子はやがて偏性嫌気性微生物へ進化し，地球を取り巻く大気中の酸素分子濃度の増加にともなって通性嫌気性微生物を経て現在の好気性微生物へ進化したと推定される。

## 5.2 水素イオン濃度

微生物の増殖は水素イオン濃度（pH）によって著しく影響される。一般的な分裂菌類や酵母は pH が 6.8 から 7.5 付近の微酸性から微アルカリ性領域を増殖最適 pH 領域とする中性菌（neutrophilic microorganisms）である。他方，糸状菌は pH5 から 6 付近の弱酸性領域で良好に増殖するので，さまざまな微生物の混合集団の中から糸状菌のみを選択的に培養するために弱酸性に調整した培地を用いることがある。このような培養方法を弱酸性培養（acidification）という。

また Lactobacillus 属のような乳酸菌や Acetobacter 属に代表される酢酸菌などは，pH2 あるいは pH3 程度の強酸性環境を増殖最適 pH 領域とする。このような微生物を好酸菌（acidophilic microorganisms）という。また一部の Bacillus 属微生物は pH10 以上の強アルカリ性領域に増殖最適 pH 領域をもち，好アルカリ菌（alkalophilc microorganisms）と呼ばれる。

なお，生化学的機構の詳細は省略するが，好酸菌の細胞内部 pH は外部 pH よりも高く pH5 付近に維持されており，同様に好アルカリ菌の細胞内部 pH は外部 pH よりも低い pH8 付近に保たれている。また好酸菌あるいは好アルカリ菌の細胞内酵素が活性を発現できる pH 領域は，前者（好酸菌）では pH4.5 から pH6 付近，後者（好アルカリ菌）では pH7.5 から pH8.5 付近といわれているが，いずれも中性菌の酵素が活性を発現する pH 領域よりも広いことが特徴である。

他方，中性菌の中には強酸性環境下や強アルカリ性環境下でも増殖できる微生物が存在し，これらは耐酸菌（acid-tolerant microorganisms）あるいは耐アルカリ菌（alkali-tolerant microorganisms）と呼ばれる。耐酸菌や耐アルカリ菌の細胞内部は中性付近に保持されており，またこれらの菌種は強酸性環境下や強アルカリ環境下ではアンモニウム塩や有機酸塩を細胞外に分泌して自身の細胞を取り巻く微細環境を微酸性や微アルカリ性とする。これらの性質は好酸菌や好アルカリ菌と大きく異なる。

## 5.3 温度

　微生物の増殖は温度によっても影響される。一般に微生物は 25℃ から 40℃ の温度域で最も活発に代謝を行う **中温菌**（mesophilic microorganisms）であり，低温になるにしたがって代謝機能が低下して増殖は緩慢となり，0℃ 付近ではすべての代謝と増殖が停止する。

　しかし低温条件下であっても中温菌は必ずしも死滅するわけではなく，周囲の温度が上昇して適当な温度となると代謝機能を回復して再び増殖を開始する。したがって低温下で微生物の代謝活性が低下して増殖が抑制される現象は第 4 講で述べた **静菌効果** と理解される。

　他方，微生物の凍結と融解を繰り返すと，凍結時や融解時に生成する氷の結晶や小片が微生物細胞の細胞膜や細胞壁を機械的に切断して細胞内容物の漏出が起こり，結果的に微生物は死滅する。この現象を **ドロッピング**（dropping）という。なお漏出した細胞内容物は他の微生物の良い栄養となるので，結果的にドロッピングは微生物が増殖しやすい環境を形成することとなる。

　また深海や極地などに存在する微生物の中には，2℃ から 10℃ 付近の低温でも代謝活性が低下することなく増殖が可能な菌種も知られている。このような微生物を **好冷菌**（あるいは低温菌，いずれも psychrophilic microorganisms）という。

　一方，50℃ 以上の高温では微生物を構成するタンパク質や核酸が不可逆的に **変性**[4] するので微生物は死滅する。しかし火山口や温泉湧出口などには 90℃ を超える高温でも増殖が可能な微生物が存在し，**好熱菌**（あるいは高温菌，いずれも thermophilic microorganisms）と呼ばれる。好熱菌の耐熱性はタンパク質自体が耐熱性を有することや，核酸が耐熱性タンパク質で被われていることなどに起因すると推定されている。

> [4] タンパク質や核酸の三次構造（空間的配置と立体構造）が崩壊することを変性という。一般的にはタンパク質や核酸の三次構造維持の役割を果たしているチオール基（－SH 基）やリン酸基（－PO₄ 基）の機能が高熱環境で崩壊し，また温度を下げても回復しない不可逆的変性がもたらされる。

　また中温菌の細胞内酵素の活性発現温度に比べて好冷菌や好熱菌の酵素の活性発現温度は低温側や高温側に傾いていることも，好冷性や好熱性を示す原因の一つであろう。さらに第 3 講で述べたように，中温菌の細胞膜がグリセリンと脂肪酸のエステル結合をもつリン脂質で構成されているのに対し，好冷菌や好熱菌の細胞膜はグリセリンと分岐脂肪酸がエーテル結合したリン脂質で構成されて断熱性に富むことも一因と考えられている。

　微生物の増殖は塩類濃度などによる浸透圧によっても影響をうける。このことについて本書では詳しく説明しないが，たとえば通常の微生物細胞内の浸透圧は，0.9%（w/v）塩化ナトリウム水溶液（**生理的食塩水**）に相当するが，海洋微生物や高濃度食塩を含む醬油醸造に用いられる酵母などの増殖には高浸透圧環境が適当であり，**好塩菌**（halophilic microorganisms）と呼ばれる。

　近年，特殊な水素イオン濃度環境（pH 環境）や温度環境，あるいは浸透圧環境で増殖する微生物，すなわち極限環境で増殖する**極限微生物**についての研究が進んでそれらの特性が明らかになりつつあるとともに，これら極限微生物の新たな利用技術も開発されている。

　なお一部に流布されている北海道のような寒冷地に存在する微生物のすべてが低温環境で増殖できる，あるいは沖縄県に存在する微生物のすべてが高温環境で増殖できる，などという考えは明らかに間違いであることに留意すべきである。

# 第6講 微生物操作法（1）
## ─滅菌・無菌操作・単離─

## 6.1 滅菌と無菌操作

　我が国の代表的な微生物利用技術である清酒発酵（飲用アルコール生産）の歴史は，清酒生産には関与しない雑菌との戦いの歴史でもあった。すなわち，かつての清酒生産では開放系である醸造桶が用いられてきたので，アルコール発酵に直接的に関与するニホンコウジカビ（*Aspergillus oryzae*）や酵母（主として *Saccharomyces cerevisiae*）ばかりではなく，さまざまな空中浮遊微生物（雑菌）も醸造桶に落下して増殖する雑菌汚染（コンタミネーションともいう，contamination）によって清酒が腐敗する現象がしばしばもたらされた[1]。なおアルコール発酵については第5講などを参照されたい。

> 1) かつては清酒生産に関与しない雑菌を"火落ち菌"といい，火落ち菌によって生産清酒の腐敗や劣化がもたらされる現象を"火落ち"と呼んだ。

**図 6.1　江戸時代の日本酒生産**
（作者不詳）

日本酒の生産では米のデンプンをブドウ糖に糖化するニホンコウジカビ（*Aspergillus oryzae*）やブドウ糖をエタノールに変換する酵母（主として *Saccharomyces cerevisiae*）を優占菌種とする必要があるが，発酵桶の中に空中浮遊菌が落下して雑菌汚染が生じる場合も多かった。（東京農業大学，「食と農」の博物館　所蔵）

やがて第1講で述べたように自然界には多種類の微生物が混在し，またそれらは空中に浮遊していることが認識されて開放系での雑菌汚染原因が明らかとなり，さらにコッホ（R. Koch）[2]が多種類の微生物の混合体から一種類の微生物のみを取り出す操作，すなわち微生物の単離（あるいは分離ともいう，いずれも isolation）を開発して，雑菌汚染を防ぐことも可能となった。

なお第12講で述べる活性汚泥法などの特別な場合をのぞいて，現在の微生物利用では単離した特定の微生物を優占菌種[3]として用いることが一般的である。

> [2] ドイツの地方医であったコッホは，炭疽菌や結核菌など多くの病原菌を単離し，またそれに基づいて"コッホの原則"と呼ばれる細菌感染症の条件を提唱して今日の医細菌学の基礎を築いた。"コッホの原則"とは，ある微生物が病気の原因であるためには①その病気の患者からは常にその病原菌が検出されなければならない，②他の病気の患者からその病原菌は検出されない，③その病原菌に感染した動物は同じ病気となる，という概要である。

> [3] 微生物の混合集団の中で大部分を占める微生物を優占菌種という

さて雑菌汚染を防止するためには，培地に内在する微生物や使用器具に付着している微生物を除去する操作が必要である。このような操作を滅菌という。また滅菌した培地や器具に雑菌が混入することを防ぎ，目的微生物のみを操作することが必要である。このような操作を無菌操作という。これらはいずれも微生物を操作する場合の基本的で重要な方法であり，また微生物操作に特徴的な方法である。

滅菌とは，使用に先立って培地や器具類を物理的環境や化学物質で処理し，これらに存在するすべての微生物あるいはウイルス粒子（ウイルスについては第10講で述べる）を死滅あるいは変性させる操作をいう。

物理的滅菌方法としては加熱が一般的であり，滅菌する対象物を120℃に加熱した空気中に数時間保持するか（乾熱滅菌），あるいはオートクレーブと呼ばれる高圧容器中で120℃付近の水蒸気中に数十分間保持する（高圧蒸気滅菌）。

また加熱によって分解や変性をうける物質が溶解している溶液は，微生物の一般的なサイズよりも小さい孔径のフィルター（メンブランフィルター）でろ過して滅菌する（ろ過滅菌）。さらに特殊な場合にはエチレンオキサイドのような気体で処理して滅菌する場合もあるが（ガス滅菌），滅菌に用いられる気体は人体に強い毒性を発現する場合も多いので，ガス滅菌は加熱による滅菌やろ過滅菌が不適当な特殊な場合に用いられる。

他方，微生物の中には内性胞子（endo-spore）[4]を形成する菌種がある。内生胞子は第8講でも述べるように，加熱や化学物質に強い抵抗性をもち，またそのサイズもろ過滅菌のろ材（メンブランフィルター）孔径よりも小さい場合が多いので，内生胞子を加熱やろ過で滅菌することは困難である。したがって内生胞子を適当な環境に移して発芽させて栄養細胞とした後に間歇（けつ）的に数回にわたって滅菌操作を繰り返す必要がある。このような滅菌を間歇滅菌という。

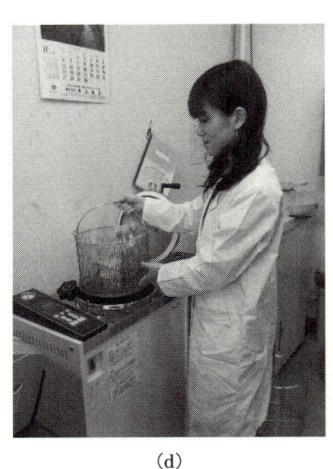

**図 6.2 乾熱滅菌器と高圧蒸気滅菌器**

ガラス器具などは乾熱滅菌器（a）で滅菌することができ，特にガラス製メスピペットなどの小さな器具を滅菌する場合は乾熱滅菌箱（b）を使うと便利である。また液体培地などの溶液の滅菌には高圧蒸気滅菌器（オートクレーブ）（c）が適し，滅菌したい溶液の入っているガラス容器を専用のオートクレーブ籠（かご）（d）に収納して滅菌する。

> 4) 内生胞子は増殖環境の悪化に対応して微生物が形成する胞子であり，耐熱性や耐乾燥性に富み，増殖環境が改善されると発芽して細胞壁や細胞膜あるいは遺伝物質をもつ栄養細胞となる。なお第1講でも述べたように内生胞子の形成機構や構造は糸状菌類や担子菌類の外生胞子（exospore）とはまったく異なることに留意すべきである。

　滅菌の同義語として**殺菌**という言葉を用いることもある。滅菌や殺菌はいずれも，熱や化学薬品で微生物を殺す操作をいい，これらの要素（熱や化学薬品）を取り除いても微生物の増殖は回復しない不可逆的な作用を意味する。

　しかし第4講でも述べたように，冷蔵庫のような低温保存の場合は，微生物は死滅する

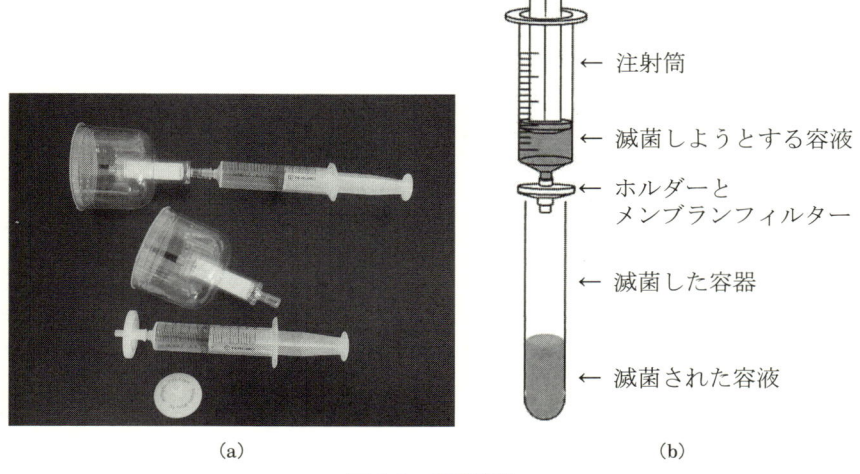

**図 6.3 ろ過滅菌**
(a) ろ過滅菌には種々の形状のホルダーが用いられるが，いずれのホルダーにもガス滅菌したメンブランフィルターフィルターが挿入されている。滅菌目的によってメンブランフィルターの孔径は異なるが，孔径 0.45 μm のフィルターを用いる場合が多い。(b) 加熱滅菌すると分解あるいは変性する可能性のある物質の溶液を入れた注射筒をホルダーに装着し，滅菌した容器にろ液を受け取って滅菌溶液とする。

のではなく単に増殖が抑制されているだけであり，増殖抑制原因である要素を除くと再び微生物は増殖を開始する。このような可逆的な作用を**静菌**という。一般には不可逆的な滅菌（殺菌）と可逆的な静菌の両者を合わせて**抗菌**[5]という場合もあるが，それぞれが意味する内容が異なることには留意すべきである。

---

5) 光半導体と呼ばれる酸化チタン（$TiO_2$ など）が新たな抗菌材料として注目されている。光半導体に光エネルギーを照射すると，価電子帯の電子（$e^-$）が伝導帯に励起され，同時に価電子帯に正孔（$h^+$）が形成される（本多・藤嶋効果）。伝導帯の電子はエネルギー準位が高いので還元力が大きく，また価電子帯の正孔は電子親和力が高く酸化力が大きいので，以下のように酸素分子や水分子と反応してラジカル分子種を形成する。

$O_2 + e^- \rightarrow \cdot O_2^-$ あるいは $H_2O + h^+ \rightarrow \cdot OH^- + H^+$

これらのラジカル分子種は細胞膜成分であるリン脂質を過酸化物に変換するので細胞膜構造が破壊されて細胞内容物が漏出し，結果的に滅菌効果が発現する。このような機構は第4講で述べた重金属による微生物の死滅機構とは全く異なる。

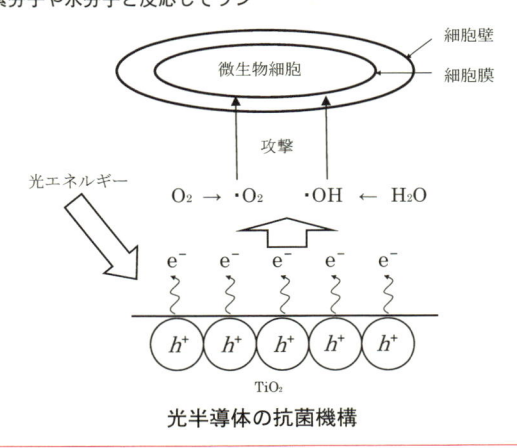

**光半導体の抗菌機構**

さらに医療分野などでは，アルコールなどの化学薬品で人体や器具の表面を処理する**消毒**という語も用いられるが，これは微生物や非生物的な汚れなどの付着物質を除去する操作を意味し，微生物の増殖を阻止あるいは抑制する抗菌とは異なる。

また無菌操作は，上記のように滅菌した培地に目的以外の菌が混入しないように**接種**する方法などをいう。

無菌操作には**クリーンベンチ**（あるいは安全キャビネットともいう）を用いる場合が多い。クリーンベンチ内部の圧力は外部の大気圧よりも低く設定されており，また排気部にはメンブランフィルターが設置されているので，クリーンベンチ内部で扱う微生物は外部に漏れ出ない。クリーンベンチの性能は扱う微生物の種類によって異なり，病原性をもつ微生物など外部環境に重大な影響を及ぼす微生物を扱う場合には高性能で規模の大きな装置を用いる必要がある。

しかし病原性がなく，また環境に影響を及ぼす危険性の低い微生物を扱う場合には**火炎法**と呼ばれる方法を用いる場合もある。この方法ではブンゼンバーナーなどの炎の付近に発生する空気の上昇対流を利用することによって培地や器具類への雑菌混入を防ぐとともに，炎の熱を利用して培地容器や他の器具を部分的に加熱滅菌することを原理とする。火炎法は簡便ではあるが，その実施には微生物取り扱い技術の熟練と原理を熟知する必要があり，クリーンベンチ法に比べて環境衛生学的問題発生や雑菌汚染の可能性も高い。

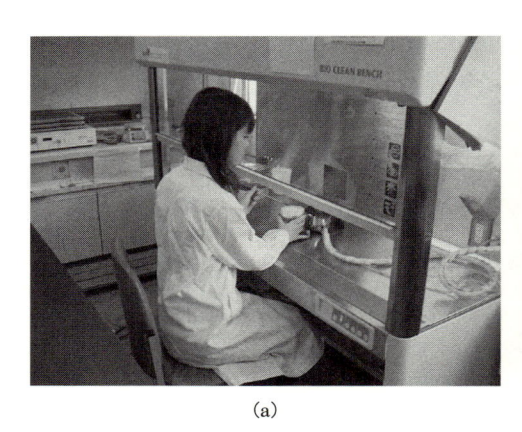

**図 6.4 無菌操作**

（a）クリーンベンチの内部圧力は大気圧より低く，また内部の空気は天板部のフィルターによってろ過されて排出されるので，ベンチ内部の微生物が外部へ漏出することはない。(b) 簡便的にブンゼンバーナーの炎周囲の上昇気流（矢印）を利用して無菌操作を行う火炎法も可能であるが，技術的熟練を必要とする。なおクリーンベンチ内にもブンゼンバーナーが設置されている。

## 6.2 微生物の単離

自然界からの目的微生物の単離は，滅菌や無菌操作とともに微生物操作おいて最も重要で基本技術の一つであるので，以下に土壌を出発材料とする微生物の単離操作について筆

者の研究室の方法を例に段階的に説明する。

なお土壌は入手が容易で，**土壌微生物**群として多種類の微生物が存在するので微生物分離の出発材料とする場合が多いが，近年は新たな性質をもつ**海洋微生物**群も知られるようになり，海水を出発材料とする微生物単離も行われている。単離の原理は両者とも同じである。

表 6.1　1グラムの土壌中に存在する微生物数[1]

| 土壌 | 深さ (cm) | 細菌 | 放線菌 (いずれも×$10^3$) | 糸状菌 | 酵母 |
|---|---|---|---|---|---|
| 畑地 | 0〜20 | 2,000 | 300 | 2 | 20 |
|  | 20〜50 | 100 | 20 | 5 | 2 |
| 水田 | 0〜20 | 10,00 | 30 | 0.1 | 0.5 |
|  | 20〜50 | 200 | 10 | 0.5 | 0.1 |
| 腐葉土 | 0〜20 | 12,000 | 8,000 | 80 | 100 |
|  | 20〜50 | 100 | 90 | 0.6 | 10 |

1) 北海道富良野市において夏期に採取した土壌中の微生物総数をコロニー数から推定した結果であり，微生物の種類を示すものではない。

(1) 少量の採取土壌（1グラム程度）を，高圧蒸気滅菌した5ミリリットル程度の**生理的食塩水**[6] に懸濁し，十分に攪拌した後，土壌中の微生物を生理食塩水に移行させる目的で室温に数時間放置する。

(2) この懸濁液1ミリリットルには，$10^2$ 程度から $10^{15}$ 程度の微生物細胞が存在するので，懸濁液1ミリリットル中の微生物細胞数が数十から百程度となるように滅菌した生理食塩水で無菌的に段階希釈する。

> 6)　生命科学分野では慣習的に0.9%（重量／体積パーセント）塩化ナトリウム水溶液が生細胞と同じ浸透圧をもつ溶液（等張液）と考えられており，微生物細胞などの細胞を扱う場合に生理的食塩水として用いられる。しかし海洋微生物の場合は海水の浸透圧と等しくするために生理的食塩水よりも高濃度の塩類濃度とすることが必要である。

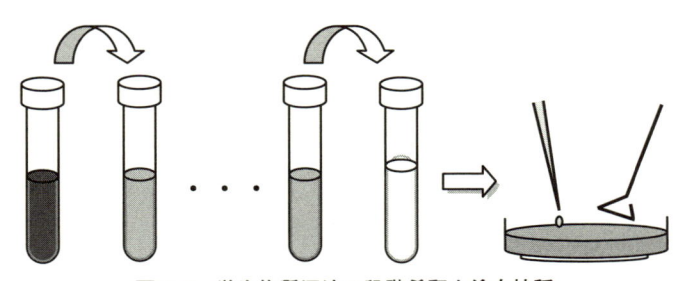

**図 6.5　微生物懸濁液の段階希釈と塗布接種**

微生物懸濁液を生理食塩水で段階に希釈した後，希釈液の一部をコーンラージ棒を用いてペトリ皿に調製した寒天平板培地表面に塗布接種し，適当な環境で培養する。

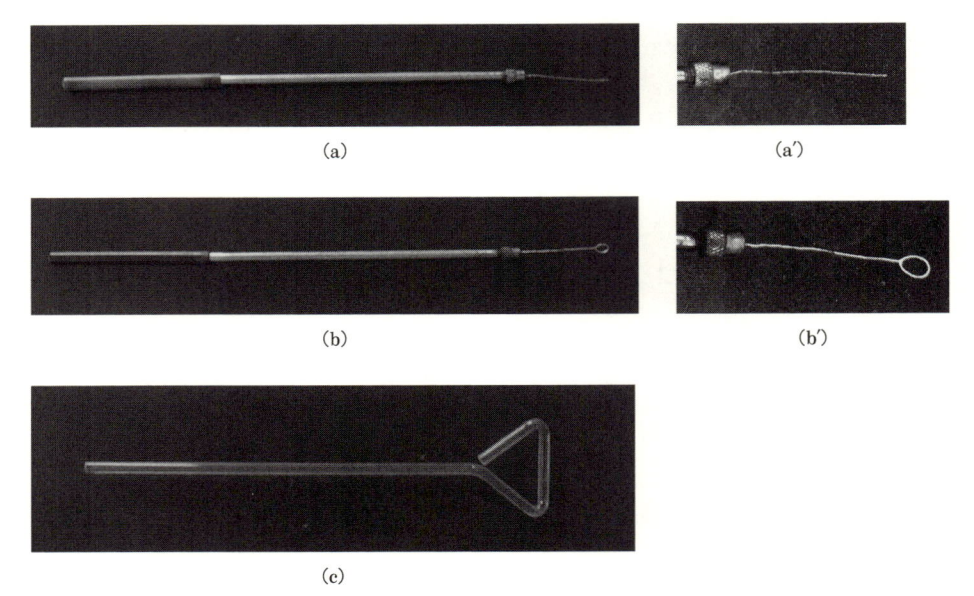

**図 6.6　白金線，白金耳，およびコーンラージ棒**
　白金線（a）や白金耳（b）は作業の利便性や耐久性から白金を材質とし，両者の外観は類似している。しかし先端部の形状はそれぞれ異なり，白金線の先端（a′）は直線状であるため細かい作業に適し，白金耳の先端（b′）は円状に加工されて比較的多量の微生物の接種や糸状菌の接種に適する。またコーンラージ棒（c）はガラス製が多く，先端部を利用して塗布接種に用いられる。

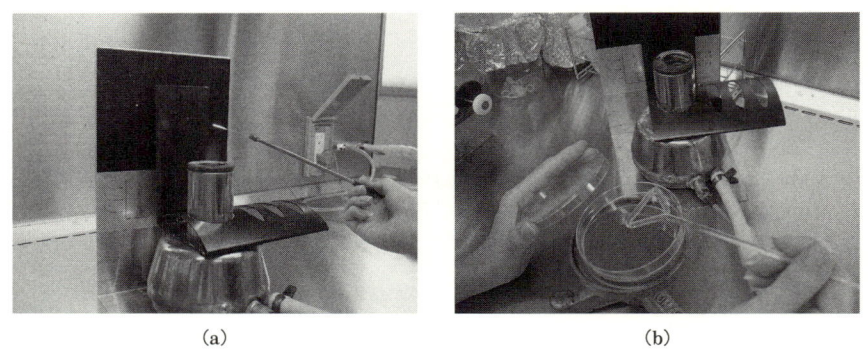

**図 6.7　白金線や白金耳，あるいはコーンラージ棒を用いる操作**
　白金線や白金耳，あるいはコーンラージ棒はいずれも，ブンゼンバーナーの炎による火炎滅菌（a）と上昇対流を利用する微生物の塗布接種（b）に用いられる。

（3）次いでペトリ皿に入れた寒天平板培地の表面に懸濁液の上清液 0.1 ミリリットルを滴下し，コーンラージ棒などで平板培地表面に広げる。このような微生物接種法を **塗布接種** という。

（4）固形培地表面に塗布接種された個々の微生物細胞は肉眼では観察できないが，適当な環境下で培養すると微生物は培地表面の塗布された個所で増殖を繰り返し，肉眼で観察可能な大きさの **コロニー**（菌集落，colony）を形成する。

　すなわち，ひとつのコロニーは 1 種類の細胞に由来するので，多種類の微生物混合体か

ら個々の微生物種をコロニーという個別的微生物群として可視的に分別し，単離することが可能となる。

(5) 次いで単離したそれぞれの微生物コロニーを，白金線などを用いて固形培地や液体培地に接種して適当な条件下で培養し細胞数を増やす。

(6) その微生物の特性を検討し，目的に最適の微生物を選択して保存する[8]。

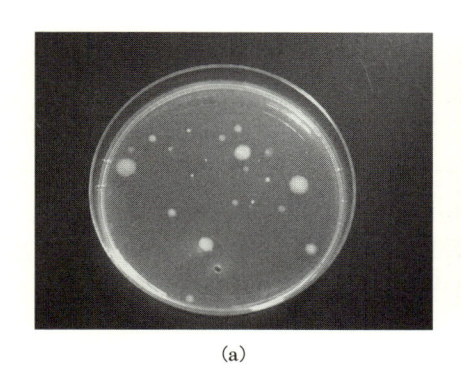

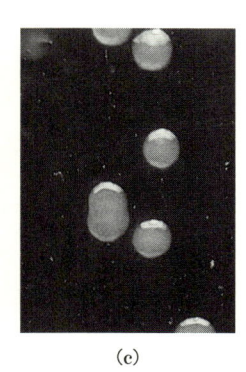

**図 6.8 寒天平板培地に出現したコロニー**

寒天平板培地表面に出現したコロニー (a) を詳しく観察すると，コロニーの色調や大きさが異なり，またコロニー表面が粗面であるか滑面であるか，あるいはコロニー周縁が不明瞭であるか明瞭であるかなどの違いがあるので ((b) および (c))，肉眼でも微生物の異同を区別することができる。

> [8] 企業や研究機関では単離した微生物の特許権を得て，その微生物を独占的に使用する権利を得ることが一般的である。なお単離した微生物が特許化されるためには，微生物科学的特性が新規であるなど従来から知られている微生物とは異なる新種であることを証明しなければならない。微生物特許は比較的新しい概念とシステムであるが，生物兵器に用いる微生物などのように「人類の福祉に寄与」(特許法第 1 条) しない場合には特許化されないことは従来の特許と同じである。

なお微生物科学研究や応用技術開発の便宜を図る目的で，独立行政法人・製品評価技術基盤機構 (http//www.nite.go.jp) や American Type Culture Collection (ATCC) (http://www.atcc.org/) のように，微生物科学的性質の明らかな微生物を分譲する公的機関もある。

# 第7講　微生物操作法（2）
## ―微生物の保存と培養―

## 7.1 微生物の保存

　特性や有用性などが明らかとなった単離微生物は，さまざまな方法で保存される。最も頻用される保存方法は，一定期間ごとに新鮮な培地に接種を繰り返す継代培養である。しかし液体培地で継代培養を繰り返すと微生物科学的特性や形態が変化する場合も多いことから，ペトリ皿の寒天平板培地や試験管の斜面培地あるいは穿刺（せんし）培地などの固形培地が保存培地として用いられる。なお寒天平板培地や斜面培地あるいは穿刺培地については第4講で述べた。

　さて微生物の特性や形態が液体培地による継代培養で変化する理由については不明な点が多いが，このような現象をエネルギー獲得から理解しようとする試みを以下に紹介する。すなわち微生物は液体培地中で，栄養物吸収や代謝産物排泄の競合，あるいは微生物細胞同士の物理的・化学的干渉などの細胞間相互作用を解消するため多くのエネルギーを消費

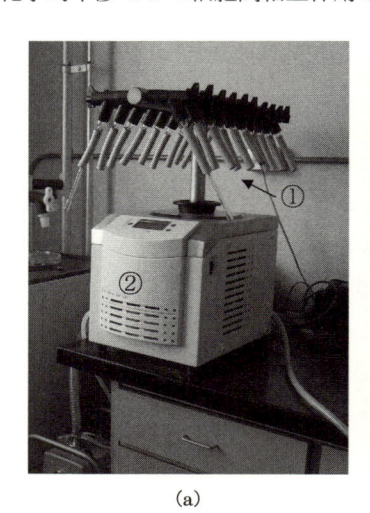

(a)　　　　　　　　(b)

**図7.1　微生物保存用凍結乾燥装置と保存アンプル**
　単離した微生物を固形培地で保存する場合も多いが，頻繁に新たな培地に接種し直す必要があるなど煩雑であることから，専用の装置で微生物細胞を凍結乾燥して保存することも行われる。単離微生物懸濁液をアンプル（b）に入れて凍結し，微生物保存用凍結乾燥装置（a）の①部分に取り付けて真空ポンプ（②）で吸引すると，微生物はアンプル底部で乾燥体（③）となる。アンプルを密栓ワックスなどで密閉（④）して内部の真空状態を保つと微生物は失活することなく長期間にわたって保存される。

する。このことは培地単位体積当たりの細胞数が一定以上にならない事実（第8講）からも推定される。他方，固形培地で増殖した微生物細胞は，はじめから細胞同士が接触して増殖しているので競合や干渉による細胞間相互作用を解消する必要がなく，獲得したほとんどすべてのエネルギーを特性や形態の保持に使うことがことができ，特性や形態が変化する程度も低いと考える研究者もいる。ただしこのような説も実験的に証明されているわけではない。

　しかし固形培地を保存培地とする場合は培地調製や継代接種などの操作が煩雑であり，さらには雑菌汚染の可能性もあることから，最近は**凍結乾燥法**によって微生物を保存することも行われている。

## 7.2　微生物の培養

　保存した単離微生物は目的に応じて培養されるが，一種類の微生物のみを選択的に培養することを**純粋培養**（pure culture）といい，単離した個々の微生物を組み合わせて複数種の微生物混合系として培養することを**混合培養**（mixed culture）という。

　また保存培地で保存された微生物は増殖直後の幼若細胞や増殖を繰り返した老化細胞などさまざまな増殖段階にあると考えられることから，増殖段階を同調させるため液体培地を用いて数回の小規模な**前培養**が行われる。次いで前培養液の一部を新たな液体培地に接種して微生物細胞や代謝産物を得るための**本培養**が行われる。

　培養には微生物操作の特徴である滅菌管理と無菌操作の要求されることは前述したが，微生物の単離から本培養への流れは他分野の科学研究や技術開発と同様であり，フラスコや試験管を用いる小規模培養によって基礎データを蓄積した後，中規模**培養槽**（バイオリアクター）を用いる試験，さらに大規模培養槽を用いるなど段階的に培養と培養槽の規模を大きくする。

　小規模あるいは中規模の微生物培養には，**回分培養法**（batch culture）が用いられる

**図7.2　振盪（しんとう）培養装置**
小規模培養に用いられる振盪培養装置外観と内部。装置内部を微生物の培養に適した温度とし，坂口肩付きフラスコや三角フラスコなどの微生物培養容器を載せたステージを左右往復運動あるいは水平回転運動させて通気を行う好気微生物培養装置である。

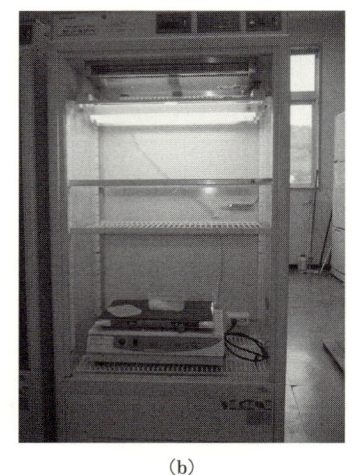

**図7.3　静置培養装置**

小規模培養に用いられる静置培養装置。(a) 培養温度を設定した後，内部の棚にペトリ皿などに入れた固形培地や適当な容器に入れた液体培地を静置して培養する。(b) 光エネルギーを利用して光合成を行う微生物の培養には内部に光源を備える光照射静置培養装置が用いられる。

**図7.4　攪拌（かくはん）型培養槽**

(a) 中規模培養に用いられる攪拌型培養槽（200リットル）外観。(b) 培養槽内部には攪拌翼（かくはんよく）が備えられ，好気微生物を培養する場合には攪拌翼を回転させて槽内に供給した空気を微細気泡とする。

場合が多い。この培養法では微生物を含む液体培地の全量を培養開始時に培養槽に入れ，培養終了時まで新鮮培地の追加や培養液の取り出しを行わない。図7.7 (a) に回分培養法の典型的な培養経過を示したが，培養時間の経過とともに培養槽内の栄養源濃度は減少し，他方，微生物細胞数および代謝産物濃度（あるいは反応生成物濃度）は増加する。すなわち回分法は培養槽内の微生物を取り巻く環境因子が時間的に変化する**非定常的培養法**である。このような観点からすれば，回分培養法の反応性は以下に述べる連続培養法に比べて必ずしも高くはないが，完全閉鎖系を維持できるので雑菌汚染の危険性が少なく，単

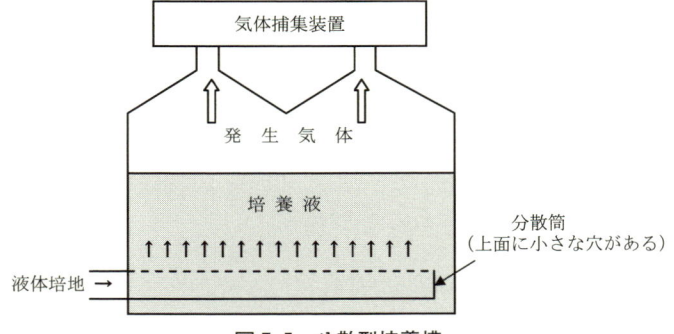

**図7.5　分散型培養槽**

槽下部の分散筒から液体培地を槽内に供給し，その際に生じる上昇乱流によって内容物を混合する。また偏性嫌気菌の培養によって発生するメタンガスや水素ガスなどの気体を捕集するために槽上部は細い筒状に設計されている。

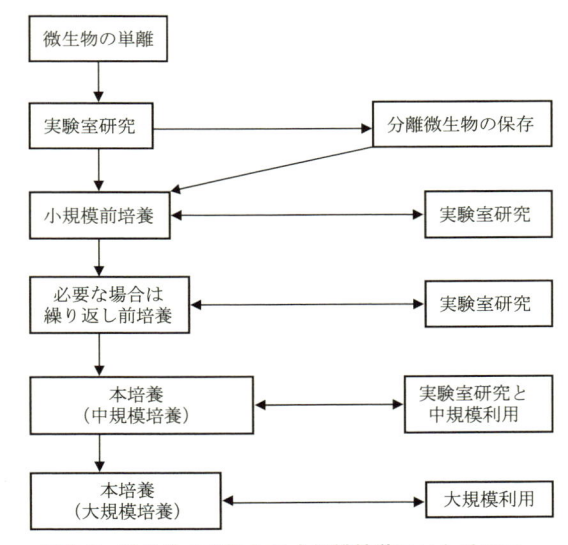

**図7.6　微生物の分離から大規模培養にいたるフロー**

一微生物種の培養に適する。

　他方，中規模培養や大規模培養の場合には**連続培養法**（continuous culture）を用いることもある。この培養法では培養開始時に培養槽に微生物を含む液体培地を入れ，所定の培養時間が経過した後に連続的に培養液の一部を取り出すと同時に同量の新鮮培地を取り出し速度と同じ速度で連続的に供給し，培養槽内の液量を一定に保って長時間にわたって培養を続ける。この培養法では図7.7（b）に示すように，培養槽への培養液供給容量（$V_{in}$）は培養槽からの培養液取り出し容量（$V_{out}$）に等しく，また培養液供給速度（$F_{in}$）は取り出し速度（$F_{out}$）に等しいので（$V_{in}=V_{out}$，$F_{in}=F_{out}$），培養槽内の反応容量は一定であり，また微生物細胞と細胞を取り巻く環境因子（栄養物濃度，代謝産物濃度など）も一定に保持される**定常的培養法**である。

なお回分培養の終了時に培養液から菌体のみを分離し，その一部あるいは全部を新鮮培地を入れた培養槽に返送して次の回分培養を行う方法を**反復回分培養**という。この方法では2回目以降の本培養のための前培養が不要であり，また初期菌体濃度を高くして培養を開始することができるので培養時間を短縮することも可能である。しかし同時に雑菌汚染の可能性も高くなるので，第12講で述べる活性汚泥などの混合微生物系の反応には適するが，単一微生物種の培養に用いられることは少ない。

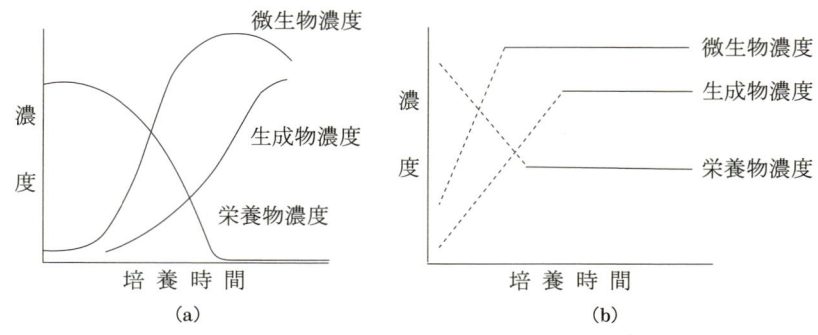

**図7.7　回分培養と連続培養**
（a）回分培養では培養時間の経過にともなって槽内の微生物，栄養物および生成物の濃度が変化する，（b）連続培養では一定の培養時間が経過すると（（b）の破線に相当する時間），その後は槽内の微生物，栄養物および生成物の濃度が一定に維持される。

## 7.3　集積培養法と休止菌の利用

このような一般的な微生物の培養のほかに，微生物の環境適応性を利用して微生物の代謝能力を増強する特殊な培養法を用いることもある。第8講で詳しく述べるように，微生物を新たな環境に接種すると微生物細胞数がほとんど増加せず，増殖していないように観察される期間が見られる。しかしこのような微生物細胞内では，新たな環境に**適応**するために新たな環境因子を誘導源として誘導酵素が合成されている。なお誘導源や誘導酵素については第4講で述べた。

たとえば本来は微生物栄養源にはなりにくいので代謝されにくい有機物質Aの代謝活性を増強しようとする場合，最適な栄養源濃度を段階的に減少させると同時に，培地中の有機物質Aの濃度を段階的に増加して前培養を繰り返すなら，微生物は最終的に有機物質Aを栄養源として利用する活性を獲得する。このような培養法を**集積培養法**（enrichment culture）という。

誘導源による酵素（タンパク質）の誘導合成は，動植物細胞に比較して微生物細胞で顕著に発現する現象であり，したがって集積培養法は微生物に特徴的な培養法である。

他方，培養終了後には培養液をそのまま用いたり，あるいは微生物細胞と残留液体培地を**遠心分離**して**集菌**することが一般的であるが，特に集菌した微生物細胞だけを緩衝液や

## 7.3 集積培養法と休止菌の利用

ビフェニルの化学構造

グルコース濃度の減少 ←

- グルコース：100mg/mL
- ビフェニル：　0mg/mL
- を含む最少塩類培地

↓ 培　養

- グルコース：50mg/mL
- ビフェニル：50mg/mL
- を含む最少塩類培地

↓ 培　養

- グルコース：　5mg/mL
- ビフェニル：50mg/mL
- を含む最少塩類培地

↓ 培　養

- グルコース：　0mg/mL
- ビフェニル：100mg/mL
- を含む最少塩類培地

→ ビフェニル濃度の増加

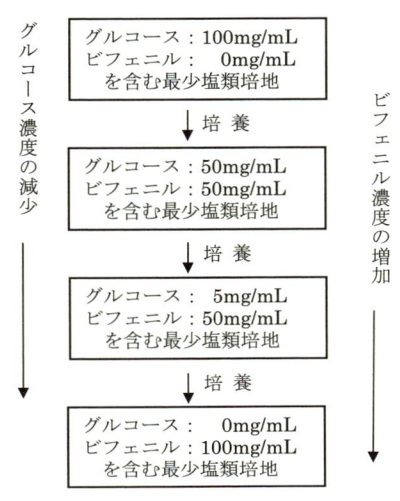

**図7.8　集積培養法の例**

ビフェニルは重大な環境汚染原因物質であるが，微生物をはじめとする生物は自然環境中でこの化学物質を分解できない（難生分解性物質）。しかしある種の細菌類は，最少塩類培地（第4講，表4.4）に添加するビフェニル濃度を段階的に増加して培養するとビフェニル分解能を獲得して炭素源として利用することが可能となる（ビフェニル資化性の獲得）。

生理的食塩水などに再懸濁して用いる場合がある。このような状態の微生物を **休止菌**（resting cells）という[1]。このような微生物細胞は緩衝液や生理的食塩水に栄養源が存在しないので増殖はしないものの，代謝活性は保持された状態にある。したがって微生物の活性を保持しつつ懸濁液中の細胞濃度を高濃度とすることができ，短時間で微生物反応を進行させることも可能となる。集積培養と同様に，休止菌の利用も微生物操作に特徴的な細胞利用法である。

> 1) 実験室での休止菌調製は以下のように行われる。培養後の微生物細胞を遠心分離などによって集めた後（集菌），緩衝液などに懸濁して遠心分離して洗浄し（遠心洗浄），細胞表面に非特異的に吸着している培地成分（栄養物）を除く。次いで洗浄細胞を緩衝液などに再懸濁して温置（インキュベーション）すると細胞内部に蓄えられた栄養物が消費されて細胞内蓄積栄養分が存在しない状態となり（飢餓操作），代謝活性は有するものの増殖能を欠除した休止菌が得られる。

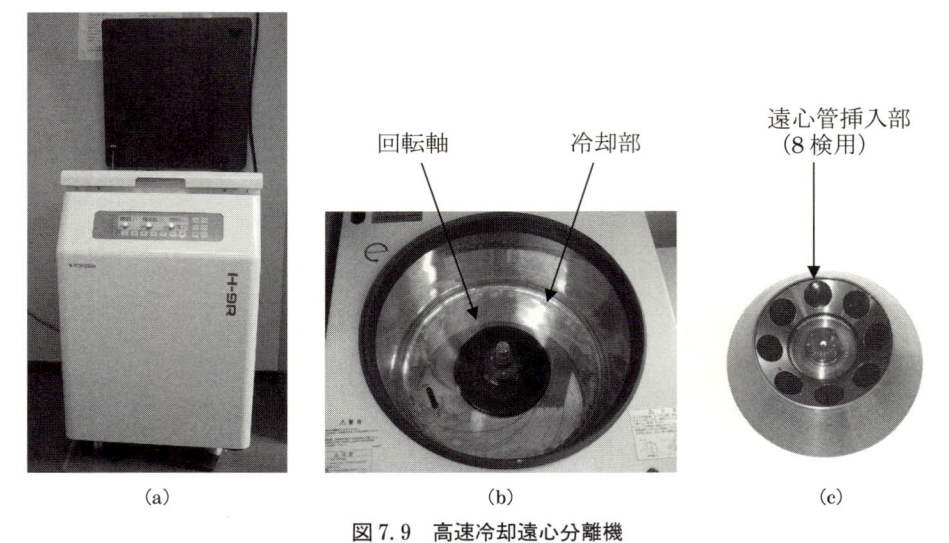

**図 7.9　高速冷却遠心分離機**
(a) 本体外観，(b) ローターの回転軸，(c) ローター

　試料を入れた容器（遠心管）を所定の箇所に挿入したローターを回転軸に設置し，冷却しながら毎分数千回から数万回の回転数で遠心する。回転数が増加すると遠心管内容物に加えられる重力（g）も増加するので不溶性粒子はその質量によって遠心管底部に沈殿する。通常，10,000×g で 15 分間程度遠心することにより微生物（不溶性粒子）と培地（溶液）とを分離することができる。

# 第8講　増殖曲線と増殖速度論

## 8.1　増殖曲線

　液体培地単位容量当たりの微生物の栄養細胞数の常用対数[1]を増殖時間に対してプロットすると図8.1のような曲線がえられる。このような微生物の増殖態様を示す曲線を**増殖曲線**（growth curve）という[2]。

　なお栄養細胞数は寒天平板法を用いるコロニー数から測定され（第6講），コロニー数をcfu（colony forming unit）という単位で示す。しかし寒天平板法による栄養細胞数測定は操作が煩雑であることから，簡便的に500 nmから600 nm付近の可視光波長における濁度の逆数を栄養細胞数として代替する場合が多く，**比濁度**（OD；optical density）（無次元）として表記される。また糸状菌類や一部の放線菌類などのように菌糸の伸長によって増殖する微生物の場合は，比濁度による個々の細胞数計数が困難であるので，培養液単位容量の乾燥重量を栄養細胞数として代替する。

> 1) 10を底とする対数で，ある数が10の何乗倍かを表す。したがって100は10の2乗倍であるから常用対数（$\log_{10}100$ あるいは $\log_{10}10^2$）は2であり，同様に1000（$\log_{10}10^3$）は3である。増殖曲線においては必ずしも栄養細胞数を常用対数で表記する必要はないが，一般的には培養液単位容量当たりの栄養細胞数は $10^{15}$ や $10^{20}$ などの値となるので，作業を容易とする目的から常用対数が用いられる。

> 2) 第7講でもふれたように，固形培地に増殖した微生物では細胞間の相互作用が発生しないので明確な増殖期の区別は観察されない。

　さて，微生物は新しい環境に移行した後にただちに増殖を開始するわけではなく，その環境に**適応**（adaptation）しなければならない。すなわち新しい環境に存在する物質を誘導源とし，それらの代謝に必要な酵素や呼吸形式に対応する酵素を誘導合成しなければならない。したがって，この間の見かけの生細胞数はほとんど変化しない。このような増殖段階を**遅滞期**（lag phase）あるいは**誘導期**（induction phase）という。

　遅滞期の後，新たな環境に適応した微生物は増殖を開始し，生細胞数は指数関数的に増加する。この増殖段階を**対数増殖期**あるいは**対数期**（いずれも logarithmic phase または log phase）という。対数増殖期の微生物は最も高い物質代謝活性をもち，有用希少物質

## 54　第8講　■増殖曲線と増殖速度論

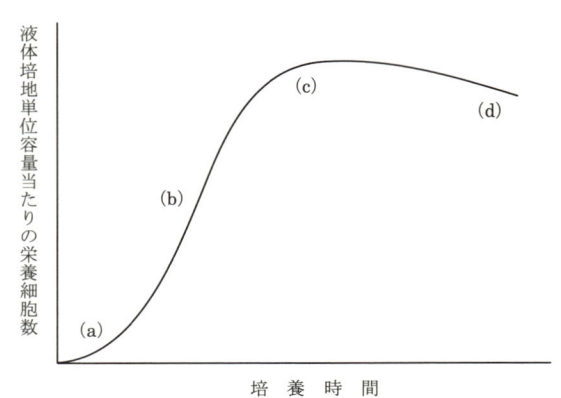

**図 8.1　微生物の増殖曲線**
(a) 遅滞期（誘導期），(b) 対数増殖期，(c) 静止期（停止期），(d) 死滅期

**図 8.2　比濁度測定に用いられる分光光度計**
矢印で示した部分に収納した培養液に特定の可視光を照射すると，照射光は微生物細胞によって散乱し，検出器は照射光量以下の光量を検出する。すなわち培養液中の微生物細胞数が多い場合は細胞によって散乱する光量が多くなるので検出光量は少なくなり，逆に微生物細胞数が少ない場合の検出光量は多い。検出光量を付属のパーソナルコンピューターで逆数変換して比濁度を求めると，細胞数が多い場合には比濁度は大きく算出され，また細胞数が少ない場合の比濁度は小さく算出される。

の生産に適する。

　微生物の増殖がさらに継続すると，培地など環境中の栄養源が不足し，また代謝にともなって老廃物が培地中に蓄積されるなど，微生物を取り巻く環境条件が悪化して増殖は次第に緩慢となり，老化した細胞は死滅しはじめる。他方，分裂直後の幼若細胞はその細胞体積を増やして増殖を継続するため，死滅する細胞数と増殖する細胞数が均衡して見かけ上の生細胞数に変化しない。このような期を**静止期**あるいは**停止期**（いずれも stationary phase）という。

　その後，環境条件がさらに悪化すると微生物は生命活動を維持することができなり，死滅細胞数が多くなって生細胞数は徐々に減少する。このような段階を**死滅期**（death phase）という。

一般に微生物は死滅すると細胞壁が溶解して**自己溶菌**（autolysis）する。これは増殖のさかんな細胞内では"不活性型"として存在する細胞壁溶解酵素が，細胞死を引き金として"活性型"に変換されることに起因すると考えられている。

　他方，*Bacillus* 属や *Clostridium* 属あるいは一部の酵母類などの微生物は，栄養源の枯渇や老廃物の蓄積など増殖に不適当な環境になると，細胞内部に**内生胞子**（あるいは**芽胞**ともいう，いずれも endospore）を形成して休眠状態となる。

　内生胞子内部には主として遺伝物質（特に遺伝子）が存在し，その外側はワックス様物質で被われた非常に強固な構造で，耐熱性や耐乾燥性に優れているので休眠状態は数十年以上にわたって続く場合もある。環境が再び増殖に適する条件になると内生胞子は発芽して代謝活性をもつ**栄養細胞**となる。したがって内生胞子は環境悪化に対する耐性機構あるいは休眠機構であり，第1講で述べた糸状菌類などの外生胞子（exospore）とは生理的意義や形成プロセスが全く異なる。

　なお内生胞子を形成する微生物を**胞子形成菌**あるいは**有胞子菌**と呼んで，内生胞子を形成しない**胞子非形成菌**と区別する。

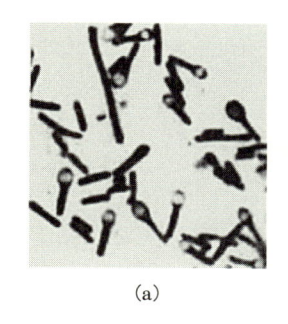

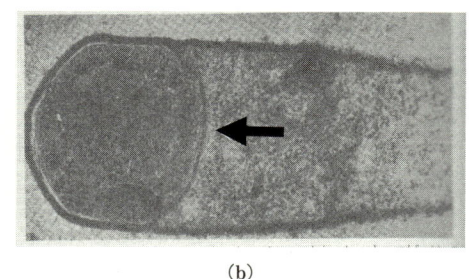

(a)　　　　　　　　　　　(b)

**図 8.3　内生胞子**
(a) 光学顕微鏡で観察した *Bacillus megaterium* の内生胞子。胞子未形成の細胞と細胞末端部に胞子を形成している細胞および遊離した内生胞子が混在している（相田浩，高尾彰一，栃倉辰六郎，斎藤日向，高橋甫，「新版応用微生物学 I」，朝倉書店 (1989)）。
(b) 電子顕微鏡で観察した細胞末端部の内生胞子。なお外生胞子とは異なって，内生胞子は一つの細胞に一つだけ形成される。

## 8.2　増殖速度論

　対数増殖期において，1個の微生物細胞が外部の栄養を細胞内に取り込んで一定の細胞体積に達すると2個の細胞に増殖する。

　第1講でも述べたように微生物の増殖は，細菌類のような分裂によるグループや，酵母類のような出芽によるグループ，あるいは糸状菌類のような菌糸の伸張と隔壁の形成によるグループなど多様であるが，いずれの場合にも増殖後の2個の細胞の生物化学的特性は同一である。したがって温度や pH などの環境条件が同一であり，さらに栄養源濃度が増殖を維持するために十分に存在する対数増殖期においては，同一の特性をもつ微生物の全

細胞数が初期細胞数の2倍になる時間は微生物の属や種ごとに一定である。このように微生物の細胞数が2倍となるのに要する時間を，**世代時間**（generation time，$G$と略記される）という。

つまり増殖系の諸条件に変化がなければ，全微生物栄養細胞数は世代時間ごとに2倍となって2の指数関数的に増加するので

$$N_T = N_0 \times 2^n \tag{式8.1}$$

が成立する。

ここで$N_0$は，時間$t_0$における液体培地単位容量当たりの全栄養細胞数であり，$N_T$は$T$時間後の時間$t$（$T=t-t_0$）における全栄養細胞数である。また$n$はこの間の分裂回数（あるいは出芽回数または菌糸の隔壁形成回数）である。

（式8.1）の両辺の常用対数をとると

$$\log_{10} N_T = \log_{10} N_0 + n\log_{10} 2 = \log_{10} N_0 + 0.301n \tag{式8.2}$$

となり，分裂回数（$n$）は

$$n = (\log_{10} N_T - \log_{10} N_0)/0.301 \tag{式8.3}$$

であたえられる。

他方，世代時間（$G$）は，増殖時間$T=t-t_0$をその間の分裂回数$n$で割った値に相当するので

$$G = T/n = (t-t_0)/n = 0.301(t-t_0)/(\log_{10} N_T - \log_{10} N_0) \tag{式8.4}$$

であたえられる。

なお（式8.4）からもわかるように世代時間の単位は，時間（hours）や分（minutes）あるいは日（days）などである。

また世代時間のほかに，微生物の増殖指標として**増殖速度定数**（growth rate constant，あるいは**比増殖速度**（specific growth rate）ともいう，いずれも$\mu$と略記される）を用いることがある。

すなわち微生物の増殖速度は，$T$時間で増殖した微生物の細胞数$N$に比例するので

$$dN/dT = \mu N \tag{式8.5}$$

（式 8.5）を積分すると

$$\ell_n N = \mu T \qquad \text{（式 8.6）}$$

すなわち増殖速度定数（$\mu$）は

$$\mu = \ell_n N/T \qquad \text{（式 8.7）}$$

で求められるが，ここで $N=N_T-N_0$，および $T=t-t_0$ であるから

$$\mu = (\ell_n N_T - \ell_n N_0)/(t-t_0) \qquad \text{（式 8.8）}$$

あるいは

$$\mu = \ell_n(N_T/N_0)/(t-t_0) \qquad \text{（式 8.9）}$$

が成立する。

（式 8.9）の自然対数[2]を常用対数にすると

$$\ell_n(N_T/N_0) = 2.303 \times \log_{10}(N_T/N_0) = 2.303 \times (\log_{10} N_T - \log_{10} N_0) \qquad \text{（式 8.10）}$$

であるから

$$\mu = \{2.303 \times (\log_{10} N_T - \log_{10} N_0)\}/(t-t_0) \qquad \text{（式 8.11）}$$

となり，増殖速度定数（$\mu$）を求めることができる。

なお（式 8.11）からもわかるように増殖速度定数の単位系は毎時間（hours$^{-1}$），毎分（minute$^{-1}$）あるいは毎日（day$^{-1}$）などである。

> [2] 数学分野で $e$ と表されるネイピア数（2.71828・・・）を底とする対数で，$\ell_n X$ は指数関数 $e^X$ の逆関数である。

たとえば，ある微生物を適当な環境下に液体培地で培養して以下の表に示す結果を得たとするなら，世代時間と増殖速度定数は次のように求められる。

まず培養開始時（表では培養時間 0）における液体培地 1 ミリリットル中の全栄養細胞数は $10^2$ であり，5 時間経過しても $10^3$ に増加するだけであることから，この増殖期間は遅滞期に相当すると推定される。また培養時間 5 時間目から 10 時間目では全栄養細胞数

の増加が著しいことから，この増殖期間は対数増殖期に対応すると考えられ，同様に 10 時間目から 15 時間目では全生細胞数の増加が緩慢であることから静止期に対応し，15 時間目から 20 時間目には全栄養細胞数の減少がみられることから死滅期に対応すると推定される。

| 培養時間<br>（hrs） | 液体培地 1 ミリリットル中の<br>栄養細胞数 |
|---|---|
| 0 | $10^2$ |
| 5 | $10^3$ |
| 10 | $10^8$ |
| 15 | $10^9$ |
| 20 | $10^8$ |

前述のように世代時間や増殖速度定数などの増殖指標は対数増殖期においてのみ算出される値であるので，対数増殖期初期（$t_0=5$ 時間目）の培地 1 ミリリットル当たりの全栄養細胞数 $10^3$（$N_0=10^3$），ならびに対数増殖期後期（$T=10$ 時間目）の培地 1 ミリリットル当たりの全栄養細胞数 $10^8$（$N_T=10^8$）を（式 8.4）に代入すると

$G = t/n = 0.301\, t/(\log_{10}N_T - \log_{10}N_0)$
　$= 0.301 \times (10\,時間 - 5\,時間)/(\log_{10}10^8 - \log_{10}10^3)$
　$= 0.301 \times 5/(8-3)$

となり，この微生物の世代時間は 0.301 時間（約 18 分）と推定される。

一般に細菌類の世代時間は 15 分程度から 30 分程度と短く，また酵母の世代時間も 1 時間ほどであるが，糸状菌や放線菌の世代時間は数時間から数日間である。

他方，増殖速度定数は（式 8.11）から

$\mu = \{2.303 \times (\log_{10}N_T - \log_{10}N_0)\}/(t-t_0)$
　$= \{2.303 \times (\log_{10}10^8 - \log_{10}10^3)\}/(10\,時間 - 5\,時間)$
　$= (8-3) \times 2.303/5$

となり，この微生物の増殖速度定数は約 2.3（$hr^{-1}$）と算出される。

なお，細胞数が 2 倍になるのに必要な時間が世代時間（$G$）であることからすれば，（式 8.9）は

$$\mu = \ell_n(N_T/N_0)/(t-t_0) = \ell_n 2/G \qquad (式\,8.12)$$

と変換され，これに $N_t/N_0=2$，並びに上で求めた $G=0.3$ を代入すれば

$\mu = \ell_n 2/G = 0.69/0.3 = 2.3$

となって，これによっても増殖速度定数を求めることができる。

# 第 9 講  微生物の遺伝子と遺伝情報の発現

## 9.1 遺 伝 子

　微生物をはじめとする生物が生命活動を維持し，種族を保存するためには，その生物の特性すなわち形質を次世代に正確に伝達することが必要である。このような形質の伝達を遺伝といい，遺伝に必要な情報は遺伝子に記録されている。

　遺伝子はアデニン（adenine；Aと略記される），チミン（thymine；T），グアニン（guanine；G），シトシン（cytosine；C）の4種類の核酸塩基に五炭糖であるリボースから酸素原子が除かれたデオキシリボースおよびリン酸基が付加したモノデオキシリボ核酸[1]（deoxyribonucleic acids, DNA；それぞれアデノシン，グアノシン，シチジンおよびチミジンと呼び方は変化する，略記は核酸塩基と同じ）が重合[2]した鎖状物質（ポリデオキシリボ核酸）として互いに巻きついた構造である。

　このような遺伝子の化学的構造はワトソンとクリックによって明らかにされ，二重らせん構造呼ばれる[3]。遺伝学などの分野では遺伝子をDNAと省略して呼ぶ場合もあるが，本書では単量体（モノデオキシリボ核酸）とその重合体であるポリデオキシリボ核酸を区別する意味から"遺伝子（DNA鎖）"と表記する。

---

1) 科学における数値は1；モノ（mono-），2；ジ（di-），3；トリ（tri-），4；テトラ（tetra-），5；ペンタ（penta-），6；ヘキサ（hexa-），7；ヘプタ（hepta-），8；オクタ（octa-），9；ノナ（nona-），10；デカ（deca-）の接頭辞で表わされる。またモノマー（monomer）は分子単独の単量体を意味し，ポリマー（polymer）は単量体が連なった多量体を示す。

2) 単量体物質が鎖状に連なることを重合という。したがってポリデオキシリボ核酸はアデノシン，グアノシン，シチジンあるいはチミジンのそれぞれの糖の3位水酸基（3番炭素に付加した水酸基（図9.1（c））がリン酸基で架橋された重合物質をいう（図9.2（b））。

3) 遺伝子の化学的研究は，「細胞中の4種類のモノヌクレオシドの含有量は生物種によって異なるが，それぞれの生物種ではアデニンとチミン，シトシンとグアニンの含有比が等しい」というシャルガフの発見に端を発する（シャルガフの経験則，1949年）。その後，ウィルキンズとフランクリンはX線回折によって「DNA鎖は規則的な繰り返し構造をもつ」ことが明らかに

60 第9講 ■微生物の遺伝子と遺伝情報の発現

> し (1952 年),これらの研究成果に基づいてワトソンとクリックとワトソンは「遺伝子 (DNA 鎖) の二重らせん構造」を発表した (1953 年)

また遺伝子 (DNA 鎖) に記録されている個々の遺伝情報を示す場合には**ジーン** (gene) という語を用い,ジーンの集合体すなわち遺伝子 (DNA 鎖) 全体を意味する場合にはジーンに接尾語 –ome ("全体"を意味する) を付けて**ゲノム** (genome) と呼ぶ。さらにゲノムの大きさ (遺伝子の大きさ),すなわち**ゲノムサイズ**は,二重らせん構造 (DNA 鎖) を構成するモノデオキシリボヌクレオチドの分子数で表わされ,**塩基対** (base pair, bp と略記される) という単位が用いられる。

表 9.1 に示すようにゲノムサイズは生物によって異なり,たとえば大腸菌のゲノムサイ

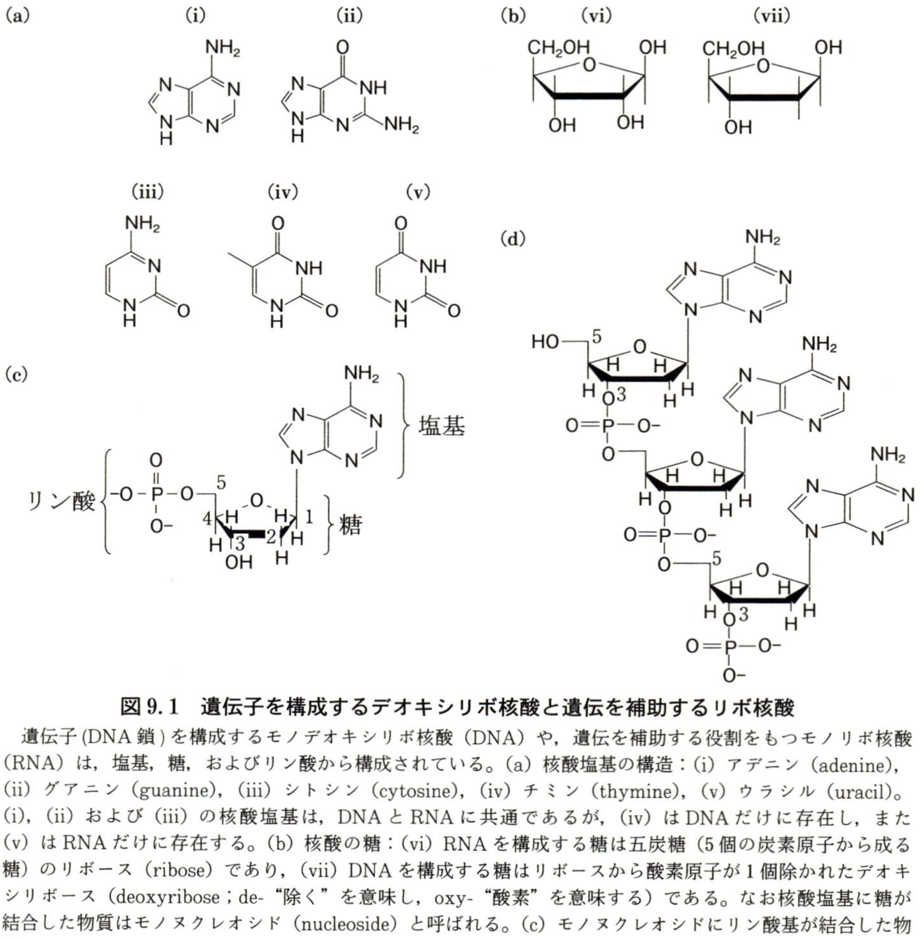

**図 9.1 遺伝子を構成するデオキシリボ核酸と遺伝を補助するリボ核酸**

遺伝子 (DNA 鎖) を構成するモノデオキシリボ核酸 (DNA) や,遺伝を補助する役割をもつモノリボ核酸 (RNA) は,塩基,糖,およびリン酸から構成されている。(a) 核酸塩基の構造：(i) アデニン (adenine),(ii) グアニン (guanine),(iii) シトシン (cytosine),(iv) チミン (thymine),(v) ウラシル (uracil)。(i),(ii) および (iii) の核酸塩基は,DNA と RNA に共通であるが,(iv) は DNA だけに存在し,また (v) は RNA だけに存在する。(b) 核酸の糖：(vi) RNA を構成する糖は五炭糖 (5 個の炭素原子から成る糖) のリボース (ribose) であり,(vii) DNA を構成する糖はリボースから酸素原子が 1 個除かれたデオキシリボース (deoxyribose；de-"除く"を意味し,oxy-"酸素"を意味する) である。なお核酸塩基に糖が結合した物質はモノヌクレオシド (nucleoside) と呼ばれる。(c) モノヌクレオシドにリン酸基が結合した物質をモノヌクレオチド (nucleotide) といい,DNA 鎖や RNA 鎖の構成単位である。なお図中に付した数字は糖の炭素番号を示す。また図には,アデニンに 1 分子のデオキシリボースとリン酸分子が結合したアデノシン (adenosine) を示したが,3 分子のリン酸をもつアデノシンは生体エネルギー (ATP：adenosine triphosphate) として働く。(d) ヌクレオチドはリン酸基によって重合し,遺伝子 (DNA 鎖) や遺伝を補助する核酸 (RNA 鎖) として働く。図には 3 分子のアデノシンの重合を示した。

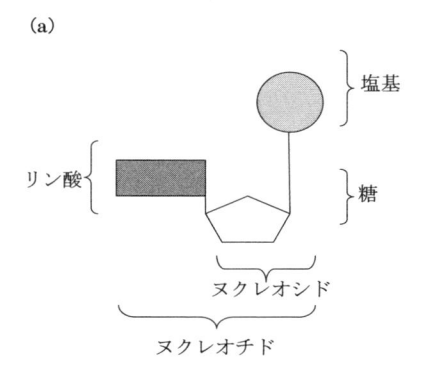

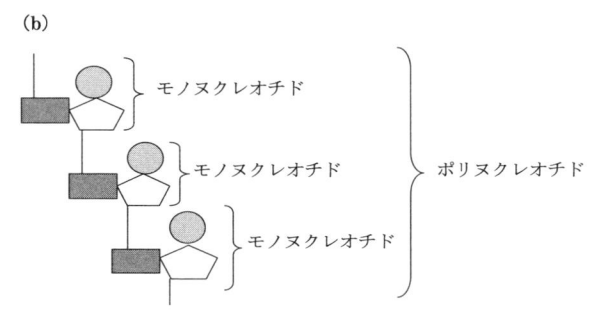

**図 9.2　モノヌクレオシド，モノヌクレオチド，およびポリヌクレオチド**
　核酸の最小単位は塩基に五炭糖が結合したモノヌクレオシド（nucleoside）である。モノヌクレオシドにリン酸基が結合するとモノヌクレオチド（mono-nucleotide）という呼び方に変わり，さらにリン酸基が"糊（のり）"の役割を果たして多数のモノヌクレオチドが重合したポリヌクレオチド（DNA鎖やRNA鎖）となる。

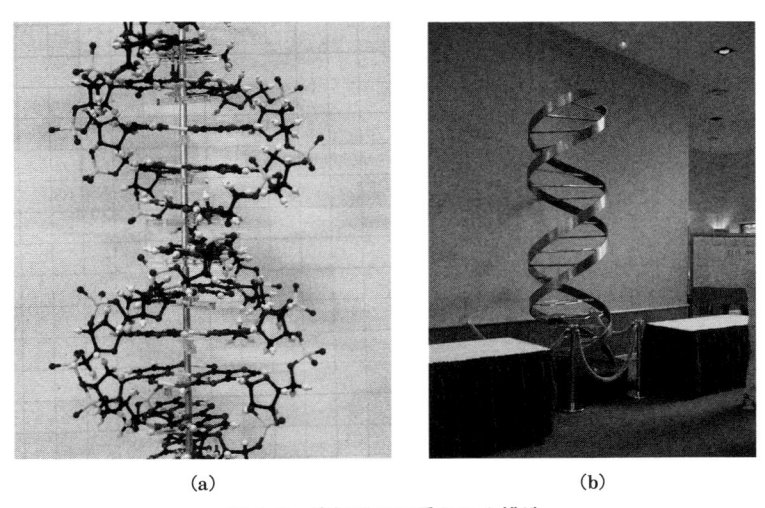

**図 9.3　遺伝子の二重らせん構造**
　(a) ワトソン博士とクリック博士が発表した遺伝子二重らせん構造の分子モデル。(b) ワトソン博士が研究を続けるコールド・スプリング・ハーバー研究所（Cold Spring Harbor Laboratory，米国ニューヨーク州）に展示されている二重らせん構造のモニュメント。

ズは約56,000 bpである。すなわち1本のDNA鎖を形成するモノデオキシリボヌクレオチド分子数は約28,000塩基であり，ゲノム（遺伝子）は2本のDNA鎖が対となった二重らせん構造であるので，ゲノムサイズは28,000×2＝56,000塩基対（bp）である。

さらに大腸菌のゲノムサイズはヒトのゲノムサイズが（約30億bp）よりはるかに小さいことから，ゲノムサイズすなわち遺伝情報量は生物の進化程度に比例する傾向にある。

しかし，ある属の酵母のゲノムサイズは約10億bpと推定されており，約15万bpと

**表9.1 いろいろな生物のジーンとゲノムサイズの概数**

| | 生物種 | ジーン数 | ゲノムサイズ（単位：bp） |
|---|---|---|---|
| 原核生物 | メタン菌（*Metanobacter*属） | 4,700 | 2.3万 |
| | 乳酸菌（*Lactobacillus*属） | 3,200 | 3.0万 |
| | 枯草菌（*Bacillus subtilis*） | 4,100 | 4.2万 |
| | 大腸菌（*Escherichia coli*） | 4,300 | 5.6万 |
| | 放線菌（*Streptomyces*属） | 5,600 | 6.3万 |
| 真核生物 | 酵母（*Saccharomyces*属） | 19,000 | 15万 |
| | 酵母（*Candida*属） | 20,000 | 15万 |
| | 糸状菌（*Aspergillus oryzae*） | 14,000 | 41万 |
| | イネ | 22,000 | 3億9,000万 |
| | ヒト | 132,000 | 30億 |
| | トウモロコシ | 24,000 | 50億 |

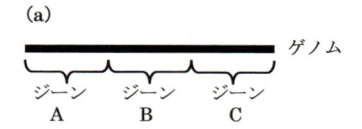

(a)

ジーン　ジーン　ジーン
A　　　B　　　C
（ゲノム）

(b)

ジーン　ジーン　ジーン　ジーン　ジーン
A　　　B　　　A　　　A　　　C
（ゲノム）

**図9.4 ジーン数とゲノムサイズ**

(a) 原核微生物のゲノムでは同じジーンの繰り返しが見られる。(b) 真核微生物のゲノムでは同じジーンが繰り返して存在するので結果的にゲノムサイズが大きくなる。また真核微生物ゲノムではジーンの間にイントロンと呼ばれる無意味な核酸塩基配列が存在することもゲノムサイズが大きくなる一因である。イントロンについては本文ならびに図9.6を参照。

推定されている *Saccharomyces* 属や *Candida* 属の酵母のゲノムサイズより極端に大きい。これは同じ内容の遺伝情報をもつジーンが繰り返され，結果的にゲノムサイズが大きくなっただけであり，ジーン種が多いわけではない。同様の現象（同じジーンの繰り返しによってゲノムサイズが大きくなる現象）がイネやトウモロコシの場合にも観察されるが，ヒトの場合はジーン数もゲノムサイズも大きく，複雑な生物学進化の過程がうかがわれる（表 9.1）。

なお第 1 講で述べたように，細菌類や放線菌類の遺伝子（DNA 鎖）は細胞内に分散して存在するが（原核微生物），酵母類や糸状菌類の遺伝子はヒストンというタンパク質と結合し染色体として核に極在する（真核微生物）。

## 9.2 遺伝情報の発現

遺伝子（DNA 鎖）は次世代へ形質を伝達するとともに，生命維持に必要なタンパク質を規定する。換言するなら遺伝子（DNA 鎖）は，A, T, G および C と略記される 4 種類のモノヌクレオチドの並び方（**ヌクレオチド配列**）によってタンパク質に関する情報を記録する記録媒体である。

しかし単に 4 種類の文字だけで複雑な文章を書くことが不可能であるのと同様に，4 種類のモノヌクレオチドだけでは複雑なタンパク質情報を記録することは不可能である。そのため A, T, G, および C のいずれか 3 種類のモノヌクレオチド配列を一つの単位として暗号文字化し，それぞれの暗号文字が 1 種類のアミノ酸を意味してタンパク質情報が記録される。このような 3 分子のモノヌクレオチドで構成される単位を**トリプレット**と呼び，それによって表される暗号文字を**トリプレットコドン**という。

4 種類のヌクレオチドの組み合わせによって作られるトリプレットコドンの種類は 64 種（$4^3=64$）であり，タンパク質の原料となる 20 種類の主要アミノ酸（第 2 講，表 2.2 参照）に十分に対応する数となり[4]，種々のアミノ酸が重合[5]して生体内でさまざまな機能を発現するタンパク質を合成することが可能となる。

> [4] 4 種類のモノヌクレオチドで形成されるトリプレットコドンの種類（64 種）は 20 種類の主要アミノ酸よりもはるかに多いが，異なるトリプレットコドンが同一のアミノ酸に対応することが知られている。たとえば C-U-U, C-U-C, C-U-A, および C-U-G はいずれもロイシンというアミノ酸に対応するトリプレットコドンである。また後に述べるように，タンパク質の合成開始や合成終了などの役割を果たして個々のアミノ酸には対応しないコドンも知られている。

> [5] アミノ酸の重合は，隣り合ったアミノ酸のアミノ基（$-NH_3$）とカルボキシル基（$-COOH$）が脱水縮合して形成するペプチド結合（$\begin{smallmatrix}-N-C-\\|\phantom{-}\|\\H\phantom{-}O\end{smallmatrix}$）によるが，この結合は化学的に極めて安定で強固である。

遺伝子（DNA鎖）がタンパク質についての情報を記録していることを"遺伝情報をコードしている"といい，コードされている情報に基づいてタンパク質が合成されることを**遺伝情報の発現**という。

しかし遺伝子（DNA鎖）がコードする情報が直接的にタンパク質に変換されるのではなく，以下のように **RNA**（**リボ核酸**, ribonucleic acids）や**リボゾーム**（ribosome）が関与する段階的反応として進行する。

このような反応は原核微生物や真核微生物でほとんど同じであるが，以下では原核微生物を中心に述べる。

また図9.5に段階的反応のフローをまとめたので本文とあわせて参照されたい。

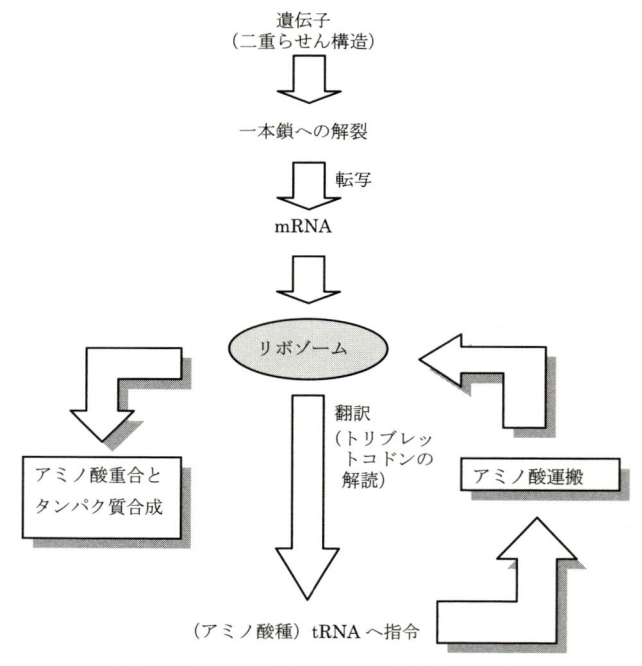

```
           遺伝子
         （二重らせん構造）
              ↓
         一本鎖への解裂
              ↓ 転写
            mRNA
              ↓
           リボゾーム
              ↓ 翻訳
         （トリプレット
           コドンの解読）
```

アミノ酸重合とタンパク質合成 ← リボゾーム ← アミノ酸運搬
（アミノ酸種）tRNAへ指令

**図9.5 遺伝子からタンパク質合成への流れ**
DNA鎖の二重らせん状である遺伝子が一本のDNA鎖に解裂した後，遺伝情報がmRNAに写される（転写）。mRNAに写された遺伝情報は，リボゾームで3分子ごとの核酸塩基配列を一つのユニットとして（トリプレットコドン）対応するアミノ酸に解読され（翻訳），そのアミノ酸をtRNAがリボゾームに運んでアミノ酸の重合とタンパク質合成が行われる。

### 第一段階；遺伝子（DNA鎖）の複製

遺伝情報を子孫（すなわち増殖後の細胞）に伝えるためは，同一の**ヌクレオチド配列**をもつ二重らせんDNA鎖を，もう一組作らなければならないので，最初に2本のDNA鎖が1本ずつのDNA鎖に**解裂**する。その後，それぞれのDNA鎖を**鋳型**（元となる型）とし，種々の酵素によって鋳型と同じヌクレオチド配列をもつ4本のDNA鎖が合成される。これを**遺伝子（DNA鎖）の複製**という。

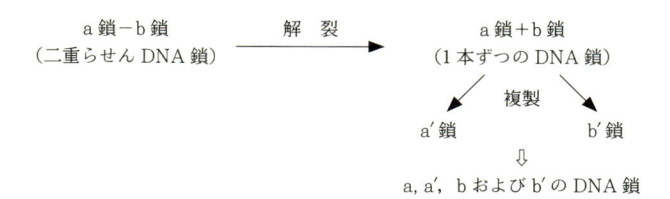

```
        a鎖-b鎖        解裂        a鎖+b鎖
     (二重らせんDNA鎖)  ──→    (1本ずつのDNA鎖)
                                    ↓ 複製 ↓
                                  a'鎖      b'鎖
                                    ⇓
                          a, a', b および b' の DNA 鎖
```

なお本書の目的から複製の詳細な機構については省略するが，生物の特性と多様性を次世代に伝達する遺伝の本質を理解するためにも成書を参照されたい。

**第二段階；遺伝情報の転写**

複製した1本鎖 DNA のヌクレオチド配列は，タンパク質因子[6]と RNA ポリメラーゼ（モノリボ核酸を重合する酵素）などが関与する反応によってポリヌクレオチド（RNA 鎖）に写し取られる。これを**転写**といい，また転写後の RNA 鎖は，以下に述べるように DNA 鎖の遺伝情報を実際のタンパク質合成の場であるリボゾームへ伝達する役割をもつことから，**伝達 RNA** あるいは**メッセンジャー RNA**（messenger RNA, **mRNA**）と呼ばれる。

> [6] 原核微生物の場合はシグマ（$\sigma$）因子と呼ばれ，真核微生物の場合はTATA結合タンパク質と呼ばれる。

なお mRNA 鎖も DNA 鎖と同様に4種類のモノヌクレオチドから成るが，DNA 鎖のチミン（T）に代えてウラシル（uracil；U）を構成塩基とし，デオキシリボースに代えてリボースを構成糖とする点に特徴がある（図9.1）。

また二重らせん DNA 鎖の形成と同様に，mRNA の場合もモノヌクレオチドの塩基の**相補性**（塩基が互いに結合する性質，DNA 鎖と RNA 鎖のいずれもにおいても G と C は相補的であるが，DNA 鎖では A と T が相補的であり，RNA 鎖では A と U が相補的）によって2分子の塩基の間に水素結合が形成されて転写と重合化が進行する。また転写は，DNA 鎖の**プロモーター**と呼ばれる特異的ヌクレオチド配列を起点として開始され，**ターミネーター**と呼ばれる配列を終点として終了する。

転写の生理的意義については実験的証拠に基づき詳細に理解されているが，本書では DNA 鎖に比べて mRNA 鎖が物理的，化学的に安定であること，ならびに以下に述べるスプライシングと呼ばれる現象のためには遺伝情報が mRNA 鎖に存在することが必要であることを述べるにとどめる。

さて酵母類や糸状菌類などの真核微生物の遺伝子（DNA 鎖）では，生物の生命維持に必要なタンパク質の情報をもつ**エキソン**（exon）と呼ばれるヌクレオチド配列（ジーン）に加えて，タンパク質の情報をもたず生理的には無意味な**イントロン**（intron）と呼ばれるヌクレオチド配列が存在する。

したがって真核微生物では遺伝子（DNA 鎖）全体が mRNA に転写された後，酵素的

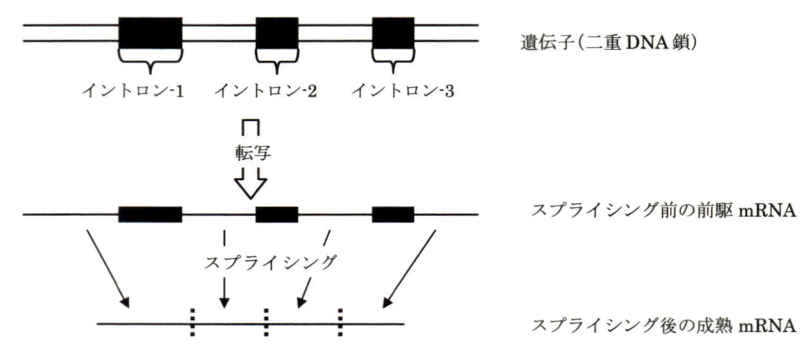

**図 9.6 真核微生物におけるスプライシング**
　二重らせん DNA 鎖は一本の DNA 鎖に解裂した後，無意味な配列であるイントロンも含む全配列がmRNA に転写されて前駆 mRNA となる。その後，スプライシングによってイントロンが切除され，エキソンだけから成る成熟した mRNA となってリボゾームで翻訳される。なおスプライシングは極めて正確に進行するが，このプロセスに関与する酵素などについては不明な点も多い。

にイントロンを切り離してエキソンだけを再結合し，成熟した mRNA とする反応が進行する。この反応を**スプライシング**（splicing）といい，イントロンが存在しない原核微生物には見られない真核微生物に特徴的な反応である。

　スプライシングの生理的意義については不明な点も多いが，この反応過程で異なるエキソンが繋ぎ合わされてジーンの再構成が生じ，異なる構造と機能をもつタンパク質が作り出されて結果的に酵母類や糸状菌類あるいは藻類や原生動物類など真核微生物に見られる多様性の原因となっているのであろうと考えられる。

### 第三段階；遺伝情報の翻訳

　mRNA は**リボゾーム**と呼ばれる細胞内顆粒に運ばれ，リボゾームによってトリプレットコドンの解読が行われてコドンに対応するアミノ酸が決定される。この過程を**翻訳**という。翻訳は翻訳開始点（開始コドン）を起点として開始され，翻訳終止点（終止コドン）によって終了する。

　なお細菌類などの原核微生物のリボゾームも酵母類などの真核微生物のリボゾームも，RNA[7] とタンパク質を主成分とする**大亜粒子**（large subunit）と**小亜粒子**（small subunit）とから構成される（第 15 講，図 15.6 参照）。

　しかし粒子全体の大きさは両者で異なり，原核微生物では 50 S[8] サブユニット（50 S 大亜粒子）と 30 S サブユニット（30 S 小亜粒子）が会合した 70 S のサイズの粒子であり，真核微生物では 60 S サブユニット（60 S 大亜粒子）と 40 S サブユニット（40 S 小亜粒子）が会合した 80 S 粒子である。これらの構造上の相違は，第 15 講で述べる薬剤（抗生物質）の作用においても重要である。

> 7) リボゾームを構成する RNA は**リボゾーム RNA**（ribosomal RNA, **rRNA** と略記される）と呼ばれ，微生物ごとに特徴的な配列をもつことから，後述のように微生物の同定にも利用される。

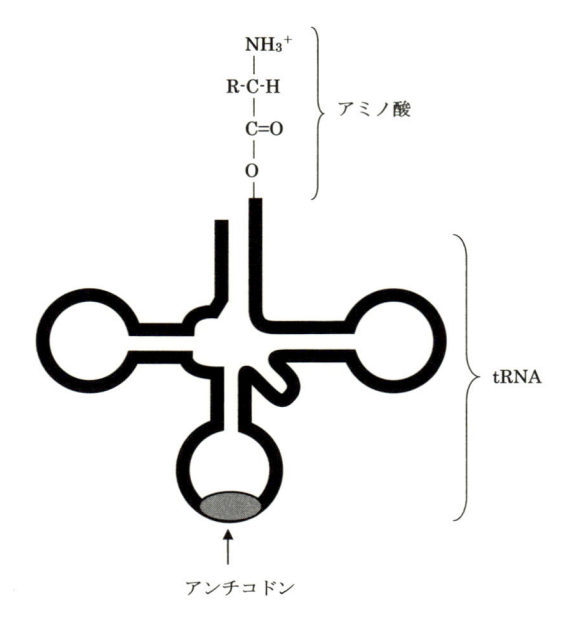

**図9.7　アミノアシル tRNA**
クローバ葉形のアミノアシル tRNA 分子のそれぞれには mRNA のトリプレットコドンと相補的に結合するヌクレオチド配列すなわちアンチコドン（図の灰色の部分）が存在するので，mRNA のトリプレットコドンが規定するアミノ酸だけがリボソームに運ばれる。なおアミノ酸は共有結合によって tRNA 分子と結合している。

> 8) "S" は沈降係数の単位を示し，この係数の提唱者であるズドベリ（T. Svedberg）にちなんでズドベリ定数といい，$S=(1-\nu\rho)M/N_A f$ で与えられる。ここで $\nu$：無限希釈状態における容質の偏溶比，$\rho$：溶媒密度，$M$：容質の分子量，$N_A$：アボガドロ数，$f$：容質濃度ゼロにおける容質の摩擦係数。

### 第四段階：ペプチド鎖の伸長

mRNA のトリプレットコドンがリボソームでアミノ酸に翻訳された後，それぞれのアミノ酸は対応する**転移 RNA** あるいは**トランスファー RNA**（transfer RNA, **tRNA** と略記される）と結合してアミノアシル tRNA としてリボソームに運ばれ，新しいアミノ酸が供給されてペプチド鎖が**伸長**し，タンパク質が合成される。

前述のように mRNA には，翻訳とペプチド鎖伸長の開始を示すヌクレオチド配列すなわち**開始コドン**が存在する。開始コドンは微生物や動植物のすべての生物に共通して A–U–G や G–U–G（あるいはこれらと相補的な U–A–C や C–A–C）のヌクレオチド配列である。さらに，このトリプレットコドンは開始コドンとして機能すると同時にフォルミル化したメチオニン（フォルミルメチオニン）に対応しており，したがってすべての生物のペプチド鎖は共通してフォルミルメチオニンを最初のアミノ酸として伸長することとなる。

他方，ペプチド鎖の伸長は mRNA の**終止コドン**によって終了する。終止コドンは UAG, UAA あるいは UGA（あるいはこれらと相補的な AUC, AUU, ACU）の配列で

あり，終止コドンによってペプチド鎖はリボゾームから離れて機能タンパク質となる。このとき，ペプチド鎖の最初のアミノ酸であるフォルミルメチオニンは加水分解酵素よってタンパク質から除かれる。

なお遺伝子（DNA 鎖）の mRNA への転写，リボゾームでの翻訳，tRNA が関与するペプチド鎖伸長（タンパク質合成）の反応は，地球上のすべての生物に共通の反応であるので，この一連反応を**生物学のセントラルドグマ**（中心命題）という。地球上の生物ではセントラルドグマに逆行する反応（タンパク質から遺伝情報がつくられる反応）が起こりえないことはいうまでもない。

## 9.3　ヌクレオチド配列による微生物の同定

微生物をはじめとする地球上のすべての生物の遺伝子（DNA 鎖）と RNA 鎖の組成（A, G, T, C, RNA 鎖では T に代わって U）と遺伝子（DNA 鎖）の二重らせん構造は同一であり，また遺伝子（DNA 鎖）の遺伝情報が発現される機構も共通であることが明らかにされて以来，第 10 講で述べる方法などを利用して遺伝子組み換えが行われるようになった。

しかし細胞外に取り出す（抽出する）ことが可能な目的遺伝子（ジーン）やジーンを構成する DNA フラグメント[9]の量は一般に極めて微量であるため，抽出後に人為的にその量を増やす事が行われる。これを**遺伝子の増幅**といい，**ポリメラーゼ連鎖反応法**（polymerase chain reaction；**PCR 法**）によって行われる。

> 9)　DNA 鎖の断片を DNA フラグメントという。

PCR 法は，細胞外に取り出した二重らせん DNA 鎖が 90℃ 付近の高温領域で一本鎖に解裂する性質（**変性**），**プライマー**と呼ばれる数分子の 1 本鎖 DNA 重合体が 60℃ 付近の中温領域で一本鎖 DNA フラグメントの一部に相補的に結合する性質（**アニーリング**），ならびに **DNA ポリメラーゼ**という酵素の働きによってプライマーが伸長する性質を反応原理とし，遺伝子の特定の一部のみを選択的に増幅する方法である。

他方，その微生物が微生物界全体ではどのような位置にあるのか（**分類**，classification）を知る試験，あるいはその微生物の属や種の決定する試験（**同定**，identification）は，従来，顕微鏡観察による**形態学的生化学的試験**（大きさ，鞭毛や繊毛による運動性，内生胞子形成の有無や酵素の型および無機塩類の還元性など），あるいは糖類の**発酵性試験**（発酵可能な糖類，発酵ガスの生成など），さらに**資化性試験**（栄養源としてどのような物質を利用できるか）を精査する煩雑で専門的な作業によって行われていた。

しかしリボゾームがタンパク質と rRNA で構成されることが明らかとなり，また微生物の進化過程にかかわらず同一の属や種の rRNA の一部は同一であることが知られて以

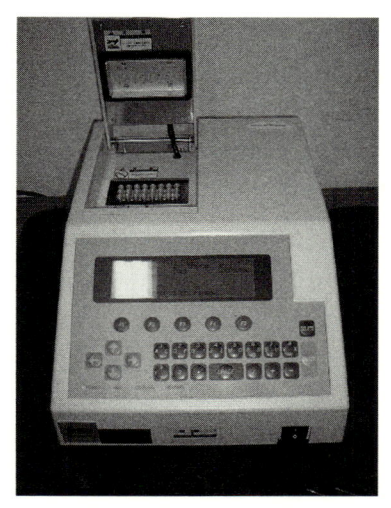

**図 9.8　PCR 法で用いられる遺伝子増幅装置**

RNA 遺伝子の署名領域二重らせん DNA 鎖を加熱して 1 本鎖とした後，増幅（重合）初発反応の足場となる相補的な小分子量 DNA 断片（プライマー），増幅の材料であるモノヌクレオチド，および増幅反応を行う酵素（DNA ポリメラーゼ）の混合液を装置にセットして反応を開始する。

**表 9.2　形態学的生化学的な微生物同定の例**

|  | OH-D | OH-P |
|---|---|---|
| Form | Rods | Rods |
| Size | 1.0 μm×2.5-5 μm | 1.0 μm×1.5-4.5 μm |
| Motility | Motile | Motile |
| Gram stain | Positive | Positive |
| Spores | Oval ; central | Oval ; central |
| Catalase | Positive | Positive |
| Cytochrome oxidase | Negative | Negative |
| Quinone type | MK-7 | MK-7 |
| Urease | Negative | Negative |
| Voges-Proskauer test | Positive | Positive |
| Hydrolysis of starch | Positive | Positive |
| Hydrolysis of gelatine | Positive | Positive |
| Reduction of nitrate | Reduced | Reduced |
| Utilization of arabinose | Not utilized | Utilized |
| Utilization of maltose | Utilized | Not utilized |
| Utilization of citrate | Utilized | Utilized |
| Utilization of malate | Utilized | Not utilized |
| Utilization of gluconate | Utilized | Utilized |

自然界から分離した 2 株（OH-1 株と OH-2 株）の微生物同定実験の一部であるが（菊池ら，1991 年），表に示す以外にも多くの試験が必要である。なお"株"は属や種の下位分類区分であり，表の被検微生物は *Bacillus sbtilis* OH-1 株あるいは *Bacillus sbtilis* OH-2 株と同定された。

来，微生物の属や種に特有の rRNA をコードする DNA 鎖のヌクレオチド配列から微生物の分類や同定が行われるようになった。

すなわち，原核微生物の rRNA の中でも 16 S の沈降係数を示す rRNA（16 SrRNA）

のヌクレオチド配列は同一の属や種の微生物で一定であり，したがって16SrRNAをコードするDNA鎖にも属や種ごとに特徴的な一定のヌクレオチド配列（署名配列）が存在する。また真核微生物のrRNAの18SrRNAと5.8SrRNAの間の領域（スペーサー領域と呼ばれる）のヌクレオチド配列は原核微生物の場合と同様に属や種で一定であり，スペーサー領域をコードするDNA鎖にも署名配列が存在する。

したがって分類あるいは同定しようとする微生物のrRNAをコードするDNA鎖における署名配列をPCR法によって増幅し，その塩基配列を塩基配列分析装置（シーケンサー，sequencer）で解析した後，その結果をデータベース[10]と参照して塩基配列の相同性[11]を比較することによって微生物を分類し，あるいは同定の一法とすることも可能となった。

なおPCR法の詳細原理や微生物の分類・同定の実際については成書にゆずるが，PCR法は微生物の分類に極めて有効な方法である。

> [10] 米国立生物工学情報センター（National Center for Biotechnology Information, NCBI）のデータベース（Basic Local Aligment Search Tool, BLAST）をデータベースとして利用する場合が多い。

> [11] 一般的には2種類の微生物の塩基配列が98%以上の相同性を示す場合，それら2種類の微生物は同属，同種と推定される。

# 第 10 講　ウイルス

## 10.1　ウイルスの構造

　微生物が病気の原因となることが知られる以前は，ラテン語で"毒性物質"を意味する**ウイルス**（virus）という語が病気や病気の原因を指す言葉として用いられた。その後，病原微生物が発見された後も，ウイルスという言葉は病気や病原性微生物と同義語として用いられ，この語が現代のウイルスの意味で使われ始めたのは二十世紀半ばになってからである。

　さて微生物をはじめとする生物は，「自身に必要なタンパク質や核酸などを自身の代謝系によって合成し，独立的に細胞数を増やす有機体」と定義される。しかし以下に述べるように，ウイルスは核酸とそれを覆うタンパク質だけからから構成されており，独自の代謝系が存在しないので単独ではその数を増やすことができない。

　このような観点からすればウイルスは生物としての定義に合致せず，ウイルスに対して生物の最小構成単位である「細胞」という語を用いることも不適当である。

　したがってウイルスは無生物的な粒子と考えられ，事実，科学的には**ウイルス粒子**と呼ばれるが，他方，上述のようにウイルスがタンパク質や核酸のような生物と同じ有機物質から構成されていることを考慮するなら"完全な無生物粒子"でもない。以上から，現在，ウイルス粒子は生物と無生物の境界に位置する粒子と理解されている（第 1 講，図 1.5）。

　なお動物や植物細胞だけに**感染**[1)]する粒子をウイルスと呼び，細菌やその他の微生物だけに感染するウイルスの一群を特にバクテリオファージ（bacteriophage）あるいは単に**ファージ**（phage）と呼んで区別することもあるが，本書ではファージも含めて広義でウイルスの語を使用する。

　またウイルスが核酸をもつことは上で述べたが，ウイルスの核酸にも DNA 鎖と RNA 鎖があり，前者の核酸を有するウイルスを **DNA ウイルス**と呼び，後者の核酸をもつウイルスを **RNA ウイルス**と呼ぶ。本書では DNA ウイルスを中心に解説するが，近年は多くの RNA ウイルスが移植医療などへ応用されているので RNA ウイルスについても図 10.3 でふれた。

---

1)　ウイルス粒子が細胞表面の特異的受容体に吸着する現象をいう。なお科学的には吸着と吸着後のウイルス粒子数増加にいたる一連の反応を感染という

場合もある（10.2　DNA ウイルスの感染と粒子数の増加）。

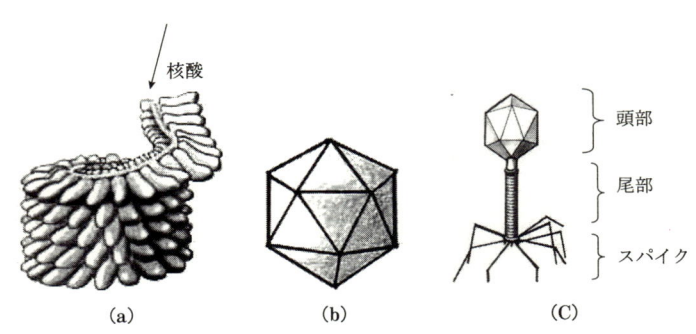

図 10.1　代表的なウイルスの形状

(a) 植物に感染するウイルス（タバコモザイクウイルス），なお図は核酸（RNA 鎖）が房状のタンパク質（コートタンパク質）に被われていることを模擬的に示したものである，(b) 動物に感染するウイルス（レオウイルス），多面体のコートタンパク質内部に核酸（DNA 鎖）が存在する，(c) T 偶数系ウイルス（$T_4$ バクテリオファージ），多面体の頭部，尾部およびスパイクと呼ばれるコートタンパク質から成り，頭部の内部に核酸（DNA 鎖）が存在する。

## 10.2　DNA ウイルスの感染と粒子数の増加

さてウイルス粒子は核酸とそれを被うタンパク質から構成されることは前述したが，リボゾームや遺伝子発現に関与する酵素が存在しないウイルスはどのような機構によって粒子数を増やすのであろうか。

多くのウイルスは，**宿主**（host cell）の細胞内部に侵入し，宿主の遺伝子発現機構や酵素を利用することによって，自己の核酸やタンパク質を合成し，粒子数を増やす。この一連の反応を**感染**（infection）という。

図 10.2 に示した粒子数増加の機構が詳細に知られている T 偶数系ウイルス（狭義には T 偶数系ファージ，大腸菌 *Escherichia coli* を宿主とする）を例に概要を解説する。

**第一段階（吸着）:**
ウイルスが尾部のスパイクなどによって宿主（大腸菌）細胞表面に吸着する。狭義にはこの段階を感染（infection）という。なお微生物が宿主である場合，宿主微生物細胞表面にはウイルスが吸着する特別な箇所，すなわち**ウイルス受容体**が存在し，またウイルスの種類ごとに受容体に特異性があり，たとえば T 偶数系ウイルス受容体に他のウイルスは吸着しない。

**第二段階（侵入）:**
ウイルス尾部が宿主の細胞外殻構造を貫通し，宿主細胞質に達する。

**第三段階（侵入）:**
ウイルス尾部が収縮し，尾部内の空洞（中空コア）を通してウイルス全遺伝子（ウイルス・ゲノム）が宿主細胞内部に注入される。

## 10.2 DNA ウイルスの感染と粒子数の増加

**第四段階（組み込みと複製）：**

宿主細胞遺伝子（大腸菌 DNA 鎖）が一本鎖 DNA に開裂した後，それぞれの DNA 鎖が宿主細胞の**制限酵素**[2]（restriction enzymes）によって切断され，さらに**リガーゼ**という DNA 鎖同士の連結を触媒する制限酵素によって切断された宿主 DNA 鎖の間にウイルス DNA 鎖が挿入される。その結果，宿主細胞内にはウイルス DNA 鎖を組み込んだ（すなわちウイルス DNA 鎖と連結した）宿主 DNA 鎖が生じるが，この DNA 鎖は宿主細胞の DNA 鎖複製機構（第 9 講）によって複製される。なお，由来の異なる複数種の DNA 鎖が融合した DNA 鎖を**キメラ遺伝子**[3]（キメラ DNA 鎖）という。

> [2] DNA 鎖や DNA フラグメントのヌクレオチド配列を認識し，これらの特定部位を切断あるいは連結する酵素をいう。多くの制限酵素は微生物に由来し，たとえば制限酵素 *Eco RI* は *Escherichia coli* RY13 株に由来する酵素で DNA 鎖の–G–A–A–T–T–C–の配列を認識して G–A 間の結合を切断する。また制限酵素 *Bam HI* は *Bacillus amyloliquefaciens* H 株に由来し，G–G–A–T–C–C の配列を認識して G–G 間の結合を切断する。なおタンパク質分解酵素や加水分解酵素など一般的酵素は作用する基質に特異性があるのに対し，制限酵素は DNA 鎖を基質として作用点が特定のヌクレオチド配列に制限されていることからこのように呼ばれる。

> [3] キメラ（chimera）はギリシャ神話に現れる想像上の動物で，ライオンの頭，ヤギの胴，ヘビの尾をもつ。これから異種の組み合わせを意味する場合にキメラの語を冠することがある。

**第六段階（タンパク質合成）：**

宿主の RNA ポリメラーゼ，mRNA，リボゾームならびに tRNA などの宿主タンパク質合成機構を用いてキメラ遺伝子（キメラ DNA 鎖）にコードされている情報に従ってタンパク質の合成が開始される。その結果，ウイルス遺伝子にコードされているタンパク質（ウイルスに固有のコートタンパク質など）と宿主遺伝子にコードされているタンパク質（宿主に固有の酵素タンパク質など）が融合した**キメラタンパク質**が宿主細胞内で合成される。

**第七段階（切断）：**

次いでプロテアーゼ（タンパク質分解酵素）の作用によってキメラタンパク質からウイルス遺伝子に由来するタンパク質が切り離されてコートタンパク質が宿主細胞内で遊離し，同時に制限酵素によってキメラ遺伝子（キメラ DNA 鎖）からウイルス遺伝子（ウイルス DNA 鎖）と宿主遺伝子（宿主 DNA 鎖）が互いに切り離される。

**第八段階（再構築）：**

これらのウイルス粒子構成部品，すなわちウイルス DNA 鎖とコートタンパク質が静電気的に集合し，宿主細胞内でウイルス粒子の再構築が行われる。これを**細胞内パッケージング**（*in vivo* packaging）[4] という。

74　第10講　■ウイルス

> 4）コートタンパク質やウイルス DNA 鎖は研究試薬として市販もされており，これらを用いて試験管内でウイルス粒子を構築することも可能であり（試験管内パッケージング，*in vitro* packaging），「10.3　微生物の遺伝子操作におけるウイルスの役割」で述べるようにウイルスを用いる遺伝子組み換えも行われる。なお *in vivo* は細胞内での反応を示し，*in vitro* は試験管など細胞外での反応を意味するラテン語。

**第九段階（溶原と溶菌）：**
新たに構築されたウイルス粒子は以下の二つの系のいずれかにしたがって挙動する。その一つは溶菌系と呼ばれる経路で，リゾチームに類似する酵素（ウイルス DNA にコードされている場合が多い）によって宿主細胞の外殻構造が溶解し，ウイルス粒子の放出（release）がもたらされる。他の一つは，構築されたウイルス粒子がそのまま宿主細胞内に

第一段階
（吸着）

第二段階と第三段階
（侵入）

第四段階と第五段階
（DNA 鎖の連結と複製）

第六段階と第七段階
（タンパク質合成と切断）

第八段階
（ウイルス粒子の再構築）

第九段階
（溶原系と溶菌系）

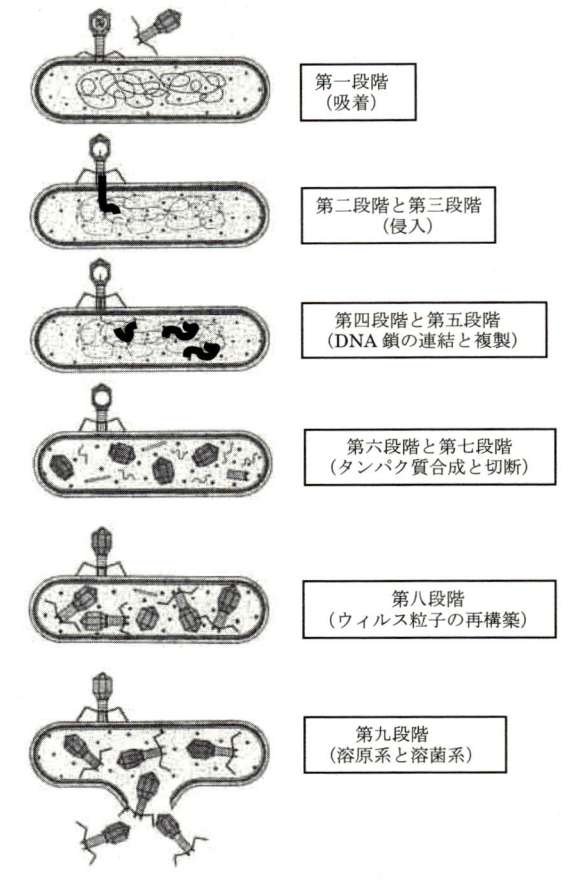

**図 10.2　感染による DNA ウイルス粒子の増加**
　T 偶数系ウイルスは大腸菌（*Escherichi coli*）に感染するので狭義にはファージと呼ばれる。それぞれの段階の反応詳細は本文を参照。なお図は M. Frobisher；Fundamentals of Microbiology 8$^{th}$ ed.（1968年 W. B. SAUNDERS COMPANY）p. 210, Fig. 17.13 をもとにした。

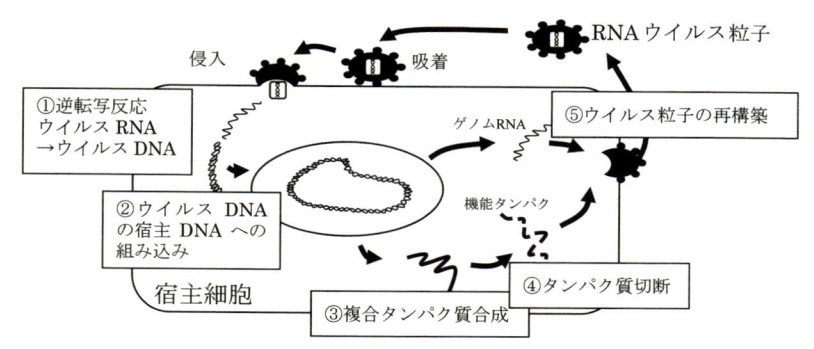

**図 10.3 感染による RNA ウイルス粒子の増加**
①宿主の逆転写酵素がウイルス RNA 鎖を鋳型としてウイルス DNA 鎖を合成する，②宿主の酵素インテグラーゼによってウイルス DNA 鎖が宿主 DNA 鎖（正しくは核内染色体）に組み込まれる，③ウイルス DNA 鎖を組み込んだ宿主遺伝子の遺伝情報に基づいて複合タンパクが合成される，④酵素プロテアーゼが複合タンパクを切断してウイルスに固有のタンパクを生成する，⑤新たなウイルス粒子が再構築される．（菊池ら；はじめての生命科学，三共出版（2009）p. 82 図 4.6（直島好伸氏分担執筆）にもとづく）．

とどまる経路で，溶原系と呼ばれる．ただし溶原系は，温度変化などの物理的条件によって容易に溶菌系へ移行する．

## 10.3 微生物の遺伝子操作におけるウイルスの利用

ウイルスの遺伝子（DNA 鎖）が感染によって宿主の遺伝子（DNA 鎖）と融合する性質を利用して，微生物の遺伝子組み換え（遺伝子操作）を行うことも可能である．

遺伝子操作におけるウイルスの利用は，微生物だけではなく動植物細胞の遺伝子組み換えで広く行われるが，以下では T 偶数系ウイルスを用いてヒト[5]のペプチド系ホルモンであるインシュリン（ヒト型インシュリン）を大腸菌に分泌生産させる方法を例に概要を説明する．

> 5) 自然科学の分野では人間を"ヒト"と表記する．

ヒト型インシュリンは 21 分子のアミノ酸が重合したペプチド（A 鎖）と，30 分子のアミノ酸が重合したペプチド（B 鎖）が，ジスルフィド結合（向かい合った 2 分子のシステイン残基の硫黄原子が形成する結合，–S–S–結合）で連結したペプチドホルモンである．

したがってヒト型インシュリンの一次構造（構成アミノ酸の種類と結合）も，通常のタンパク質と同様にヒトの遺伝子（DNA 鎖）にコードされているので，ヒトの細胞からインシュリン A 鎖および B 鎖の二種類のペプチドをコードしている DNA 鎖（ヒト型インシュリン・ジーン）を取り出すことも可能である．

他方，T 偶数系ウイルス粒子を機械的に処理するとコートタンパク質が破壊されてウイルスの全遺伝子（ウイルス・ゲノム）を抽出することができるので，抽出後にウイルス・ゲノムの任意の 1 箇所を適当な制限酵素で切断する．なお，注 2）で述べたように制限酵

素は DNA 鎖の特定部位を切断する目的で用いられ，遺伝子操作の"鋏（はさみ）"にたとえられる．

次いで分割されたウイルス・ゲノムの切断部位に，ヒト型インシュリンをコードするヒト型インシュリン・ジーンを挿入し，再度，連結する．連結は注前述のリガーゼという制限酵素を用いて行う．したがってリガーゼは遺伝子操作の"糊（のり）"にたとえられる．

なおヒト型インシュリン・コードジーンを**外来遺伝子**といい，また外来遺伝子を組み込む操作を**遺伝子組み換え**あるいは**遺伝子操作**という．結局，このような操作によってヒト型インシュリン・ジーンを組み込んだ組み換えウイルス・ゲノム（組み換え DNA 鎖）が得られる．

次いで，この組み換え DNA 鎖を，別に調製しておいたウイルス粒子の頭部や尾部などのコートタンパク質と試験管内で混合するとウイルス粒子の再構築が起き（試験管内パッケージング，*in vitro* packaging），そのゲノム（全遺伝子）の一部にヒト型インシュリン・ジーンを含むウイルス粒子が形成される．

このウイルス粒子が宿主である大腸菌に感染すると，前項で述べたようにキメラ DNA の複製とタンパク質（ウイルスのコートタンパク質，ヒト型インシュリン，および宿主のタンパク質から成るキメラタンパク質）の合成が行われ，結果的に大腸菌細胞内でヒト型インシュリンを含むキメラタンパク質が合成されることとなる．

その後，プロテアーゼ（タンパク質分解酵素）によってキメラタンパク質からヒト型インシュリンを切り離してヒト型インシュリンを精製する．

なお本書では原理と概要を述べるにとどめたが，実際の操作手順はもう少し複雑であり，たとえばシグナルペプチド（あるいはリーディングペプチドともいう，細胞内で合成されたタンパク質を細胞外に分泌する現象に関与するペプチド）をコードする DNA 鎖を組み換え DNA 鎖に付加し，大腸菌細胞内で生産されるキメラタンパク質を細胞外へ分泌させた後にシグナルペプチドを加水分解酵素で切断し除去することなどが行われる．詳細は成書を参照されたい

以上の操作においてウイルスは，ヒトのインシュリン・ジーン（DNA 鎖）を宿主である大腸菌細胞内に運ぶ役割を果たしていることから**ベクター**（vector，運搬体や媒体を意味する英語）と呼ばれる．またベクターによって宿主（ホスト）細胞内に運び込まれた遺伝子（DNA 鎖）が宿主細胞内で複製され，タンパク質が合成される関係を**ホスト・ベクター系**という．

なおウイルスのゲノムサイズ（構成塩基対の数）は小さく，インシュリンのような低分子量ペプチドをコードする少塩基対遺伝子を組み込むことは可能であるものの，高分子量タンパク質をコードする多塩基対遺伝子を組み込むことは困難である．このような問題を解決するため，多塩基対遺伝子も組み込むことが可能な**プラスミド**（plasmid）[6]をベクターとして用いる場合も多い．

6) プラスミドは，微生物の遺伝子とは独立して微生物細胞内で複製される環状DNA鎖あり，発見当初はサテライトDNAとも呼ばれた。また微生物の細胞間を移動することからジャコブ（F.Jacob）とウォルマン（E.Wollman）は名著「細菌の性と遺伝」（富沢・小関訳，岩波書店（1961年））の中で"細菌の雌雄に関係する因子（F因子）"と推定した。現在，プラスミドは太古に微生物に寄生した原始的細菌の遺伝子が起源と考えられている。

T偶数系ウイルスからの全遺伝子（ゲノムDNA）の抽出

ウイルスのゲノムDNA

制限酵素によるウイルスゲノムDNAの切断

切断されたT偶数系ウイルスゲノム

ヒト型インシュリンのジーン ＋

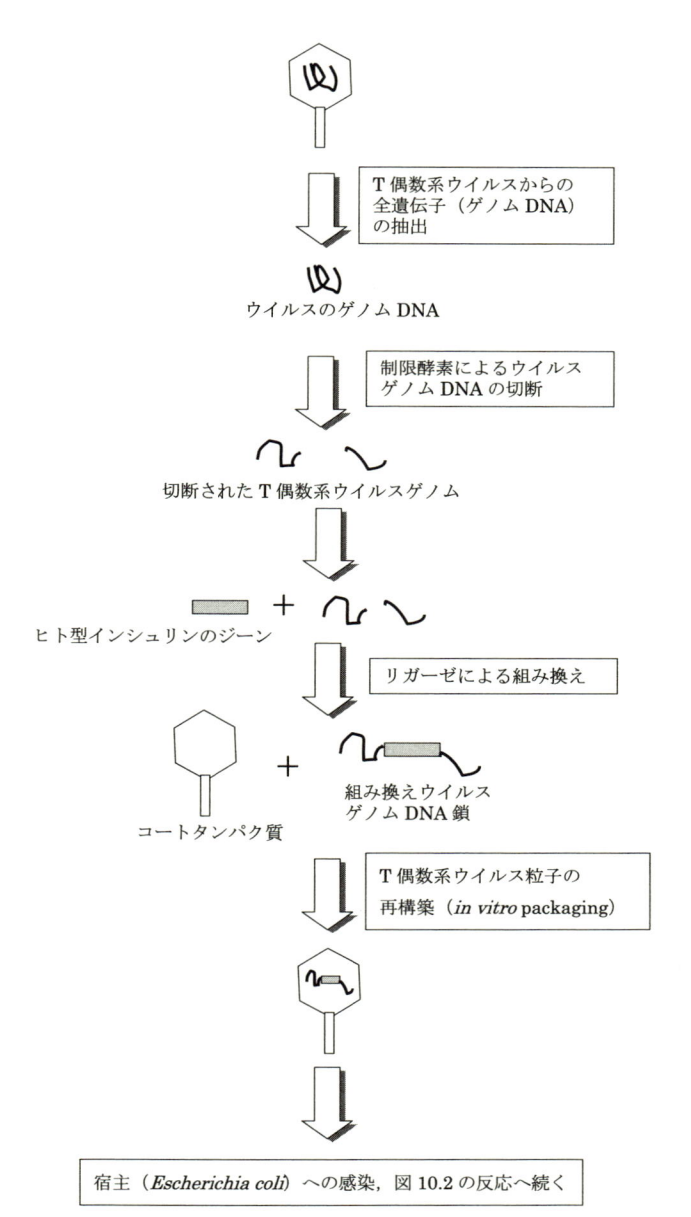

リガーゼによる組み換え

コートタンパク質 ＋ 組み換えウイルスゲノムDNA鎖

T偶数系ウイルス粒子の再構築（*in vitro* packaging）

宿主（*Escherichia coli*）への感染，図10.2の反応へ続く

図10.4 T偶数系ウイルスをベクターとする大腸菌によるヒト型インシュリン生産の概念

# 第 11 講　微生物による物質循環

## 11.1　土壌微生物

　土壌中には細菌や放線菌あるいは糸状菌や酵母など多種類の微生物が存在して**土壌微生物**と呼ばれるグループを構成しているが，いずれの微生物もその大きさ（サイズ）が小さいので単位容積土壌（あるいは単位重量土壌）当たりに存在する細胞数も極めて多く，さらには増殖が速やかで物資代謝活性が大きいことなどから，自然環境中の物質循環に果たす役割は大きい。

　たとえば通常の土壌 1 グラム中には平均して約 $10^6$ から $10^8$ 程度の細菌類が存在すると言われており（第 6 講表 6.1 など），次いで約 $10^4$ から $10^8$ 程度の放線菌類が存在する。放線菌類はタンパク質や糖類などの有機物代謝活性が高く，これらの代謝産物は特有の匂いを発生する。したがって，このような匂いの発生は土壌が多量の有機物を含んで植物の成長に適することにほかならず，"肥沃な土壌の匂い"と呼ばれる理由となっている。

　さらに放線菌類の有機物代謝に特徴的な点は，ビタミン類や抗生物質などの**生理活性物質**を生産することである。たとえば後の第 15 講でのべる抗生物質の一種であるストレプトマイシン（streptomycin）は *Streptomyces griseus* の培養液の中から見出だされた抗生物質であり，またカナマイシン（kanamycin）は神奈川県の土壌から分離された放線菌の 1 株によって生産される抗生物質である。

表 11.1　放線菌類が生産する生理活性物質の例

| 放線菌 | 代表的な生産物質 |
| --- | --- |
| *Streptomyces griseus* | 抗生物質（ストレプトマイシン），タンパク質分解酵素，ビタミン A 誘導体 |
| *Streptomyces venezuelae* | 抗生物質（クロラムフェニコール） |
| *Streptomyces aureofaciens* | 抗生物質（テトラサイクリン），生理活性色素，多糖類分解酵素 |
| *Streptomyces kanamyceticus* | 抗生物質（カナマイシン） |
| *Streptomyces kasugaensis* | 抗生物質（カスガマイシン） |
| *Streptomyces olivaceus* | ビタミン B 類，脂質分解酵素（リパーゼ，$\beta$ 酸化酵素類） |

　また土壌中の糸状菌類も有機物分解活性が高いが，放線菌とは異なって生理活性物質を生産する菌種は少なく，また多くの場合には外生胞子（第 1 講）を形成しているので，土壌中の正確な細胞数や種類を知ることが困難である。

分裂菌類や糸状菌類に比べて土壌中に存在する酵母類は少ないが，ブドウ園などの果樹園の土壌には *Saccharomyces* 属のほか *Candida* 属や *Rhodotorula* 属などアルコール発酵（ワイン発酵）に関与する多種類の酵母が存在するといわれている。

## 11.2　自然環境中の炭素循環における土壌微生物の役割

動物や植物を構成する有機物（炭素元素を含む化合物）は，植物や光合成微生物が水と大気中の二酸化炭素分子を原料として光エネルギーを利用して行う光合成反応に由来する。

これらの有機物中の炭素元素は，好気環境下で動物や植物さらに好気性土壌微生物が行う好気呼吸によって二酸化炭素分子にまで完全酸化されて大気中に再放出され，他方，嫌気的環境下では偏性嫌気性土壌微生物や通性嫌気性土壌微生物による嫌気呼吸によって還元あるいは不完全酸化され，さまざまな酸化中間体に変化する。なお呼吸と有機物代謝については第5講で解説した。このような炭素循環は海洋微生物などの土壌以外の環境に存在する微生物も行うが，自然環境中の炭素循環には土壌微生物の果たす役割が特に大きい。

なお好気性微生物が有機物を二酸化炭素分子へ完全酸化する反応は1段階の反応によって進行するのではなく複数の酵素が関与する数段階の反応を経る場合が多い。たとえば *Candida* 属などの好気性酵母や，*Pseudomonas* 属等の好気性細菌はリパーゼ（lipase）によって脂質（アシルグリセロール）をグリセリンと脂肪酸に加水分解した後，以下に示すβ酸化（ベータ酸化）[1]によって酢酸へ代謝し，最終的に二酸化炭素とする。

> 1) （式11.1）から（式11.5）に示すように脂肪酸のカルボキシル基のβ位に位置するメチレン基が酸化されて，もとのアルキル基（脂肪酸）より炭素数が二つ少ないアルキル基（脂肪酸）と酢酸が生成する反応。実際の生体内でのβ酸化は補酵素A（Coenzyme A, CoA）やアシル基運搬タンパク質（Acyl-carrierprotein, ACP）などが関与して進行するが，理解を容易にするため（式11.1）から（式11.5）ではこれらの因子を省略して化学反応式のみを記した。

なお下に示した反応の水素イオン（$H^+$，プロトン）の受容体や供与体の詳細は一般生化学教科書に委ねるが，酵素化学的にはFAD（プロトン受容体，酸化型フラビンアデニンジヌクレオチド：flavin adenine dinucleotide）や$FADH_2$（プロトン供与体，還元型），あるいは$NAD^+$（プロトン受容体，酸化型ニコチンアミドジヌクレオチド：nicotinamide dinucleotide）や$NADH_2$（プロトン供与体，還元型），さらには$NADP^+$（プロトン受容体，酸化型ニコチンアミドジヌクレオチドリン酸：nicotinamide dinucleotide phosphate）や$NADPH_2$（プロトン供与体，還元型）などの補酵素を利用して反応が進行する。

$$CH_3-(CH_2)_n-\underset{\underset{\beta 炭素}{\uparrow}}{CH_2}-\overset{\overset{\alpha 炭素}{\downarrow}}{CH_2}-\overset{O}{\overset{\|}{C}}OH \xrightarrow[\text{FAD} \quad \text{FADH}_2]{\text{脂肪酸}\atop\text{脱水素酵素}} CH_3-(CH_2)_n-CH=CH-\overset{O}{\overset{\|}{C}}OH$$

エノール型脂肪酸

(式 11.1)

$$CH_3-(CH_2)_n-CH=CH-\overset{O}{\overset{\|}{C}}OH + H_2O \xrightarrow{\text{エノール脂肪酸}\atop\text{ヒドラターゼ}} CH_3-(CH_2)_n-\overset{OH}{\overset{|}{C}H}-CH_2-\overset{O}{\overset{\|}{C}}OH$$

$\beta$-ヒドロキシ脂肪酸

(式 11.2)

$$CH_3-(CH_2)_n-\overset{OH}{\overset{|}{C}H}-CH_2-\overset{O}{\overset{\|}{C}}OH \xrightarrow[\text{NAD}^+ \quad \text{NADH}_2]{\beta-\text{ヒドロキシ脂肪酸}\atop\text{脱水素酵素}} CH_3-(CH_2)_n-\overset{O}{\overset{\|}{C}}-CH_2-\overset{O}{\overset{\|}{C}}OH$$

$\beta$-ケト脂肪酸

(式 11.3)

$$CH_3-(CH_2)_n-\overset{O}{\overset{\|}{C}}-CH_2-\overset{O}{\overset{\|}{C}}OH + H_2O \xrightarrow{\text{ケトラーゼ}} CH_3-(CH_2)_{(n-1)}-\overset{O}{\overset{\|}{C}}OH + CH_3-\overset{O}{\overset{\|}{C}}OH$$

はじめの脂肪酸より　　酢酸
2炭素元素少ない
脂肪酸

(式 11.4)

$$CH_3-(CH_2)_{(n-1)}-\overset{O}{\overset{\|}{C}}OH \longrightarrow \text{(式11.1) から (式11.4) の繰り返し} \quad (式 11.5)$$

$$CH_3-\overset{O}{\overset{\|}{C}}OH \longrightarrow \text{最終代謝産物あるいはさらに2分子の} CO_2 \text{へ酸化} \quad (式 11.6)$$

また *Mycobacterium* 属など一部の好気性細菌は，直鎖飽和炭化水素（$CH_3-(CH_2)_n-CH_3$）や不飽和の直鎖状炭化水素あるいは環状炭化水素などを資化[2]し増殖する。このような微生物を炭化水素資化菌という。

---

[2] 微生物がある物質を代謝して栄養源として利用する資化については第4講

でも述べた。

炭化水素資化微生物は，オキシゲナーゼ（酸素添加酵素，oxygenase）によって酸素分子を基質である飽和直鎖状炭化水素に付加し（式11.7），さらに**脂肪酸**にまで酸化した後，$\beta$酸化（（式11.1）から（式11.6））によって脂肪酸を代謝することで炭化水素を資化する。なお$\beta$酸化によって生成する酢酸は，炭化水素資化菌によってさらに二酸化炭素に酸化されて放出される。

$$CH_3-(CH_2)_n-CH_2-CH_3 + O_2 \xrightarrow{\text{オキシゲナーゼ}} CH_3-(CH_2)_n-CH_2-\overset{O}{\underset{\|}{C}}OH$$

（式11.7）

したがって，$\beta$酸化による脂肪酸代謝や炭化水素資化菌による炭化水素の代謝も微生物が関与する炭素循環の一種であり，また微生物が関与する炭素循環は第12講で述べる微生物が関与する環境（水環境や土壌環境）の修復と保全においても重要な役割を果たしている。

## 11.3 自然環境中の窒素循環における土壌微生物の役割

自然環境で微生物が関与する窒素循環を図11.1に示した。第4講でも触れたように大気中の窒素分子（$N_2$）は**根粒菌**[3]と呼ばれる*Rhizobium*属微生物によって植物と共生的に，あるいは同じく根粒菌と呼ばれる*Azotobacter*属微生物によって非共生的に**アンモニウム態窒素**（$NH_4^+$）に還元されて[4]有機窒素へ変換される。これを**窒素固定**（nitrogen fixation）といい，微生物が関与する窒素循環の初発反応（最初の反応）である。なおアンモニウム態窒素を**アンモニア態窒素**と呼ぶこともあるので本書では両者を併記する。

> [3] *Rhizobium*属や*Azotobacter*属などの微生物は，マメ科植物の根に瘤（こぶ）状の膨らみを形成して存在することがあるので根粒菌と呼ばれる。どのマメ科植物にも同種の根粒菌が存在するわけではなく，植物の種類によって根に存在する根粒菌の種類は異なる。

> [4] 第4講注5）でも述べたように，微生物が空中の窒素を宿主植物が利用できる化合物に変換すると同時に宿主植物から増殖の炭素源などの栄養を得る場合を"共生的窒素固定"といい，宿主から栄養物供給を受けない場合を"非共生的窒素固定"という。

さらに自然界に存在するアンモニウム態窒素（アンモニア態窒素）は窒素固定によって形成されるだけではなく，生命活動を終えた動植物体や動物糞尿を微生物が分解することによっても大量に生産されて環境中に放出される。このような微生物分解に起因するアン

## 第11講 ■微生物による物質循環

```
                        大気中の窒素分子
                              N₂
          ↗              ↑              ↘
    ┌─────────┐                    ┌─────────────┐
    │  脱 窒   │                    │ 共生的窒素固定 │
    │Micrococcus属など│              │ Rhizobium属など │
    └─────────┘                    └─────────────┘
         ↑                                ↓
                                  ┌─────────────┐
    ┌─────────┐                    │植物が利用可能な│
    │硝酸態窒素 │                    │ 窒素化合物   │
    │  NO₃⁻   │                    └─────────────┘
    └─────────┘                           ↓
         ↑            ┌─────────────┐   ┌────┐
                      │非共生的窒素固定│   │ 植物 │
    ┌─────────┐       │Azotobacter属など│   └────┘
    │  硝 化   │       └─────────────┘   (飼料)  (肥料)
    │Nitrobacter属など│                      ↓
    └─────────┘                          ┌────┐
                                         │ 動物 │
                                         └────┘
                                            ↓
                                  ┌─────────────┐
                                  │動物体に由来する窒素│
                                  │化合物（糞、遺骸など）│
                                  └─────────────┘
                                            ↓
                                  ┌─────────────┐
                                  │ アンモニア化   │
                                  │Clostridum属など│
                                  └─────────────┘
                                            ↓
    ┌─────────┐   ┌─────────┐   ┌─────────────┐
    │亜硝酸態窒素│←─│  硝 化   │←─│アンモニウム態窒素│
    │  NO₂⁻   │   │Nitrosomonas属など│ │(アンモニア態窒素)│
    └─────────┘   └─────────┘   │    NH₄⁺    │
                                  └─────────────┘
```

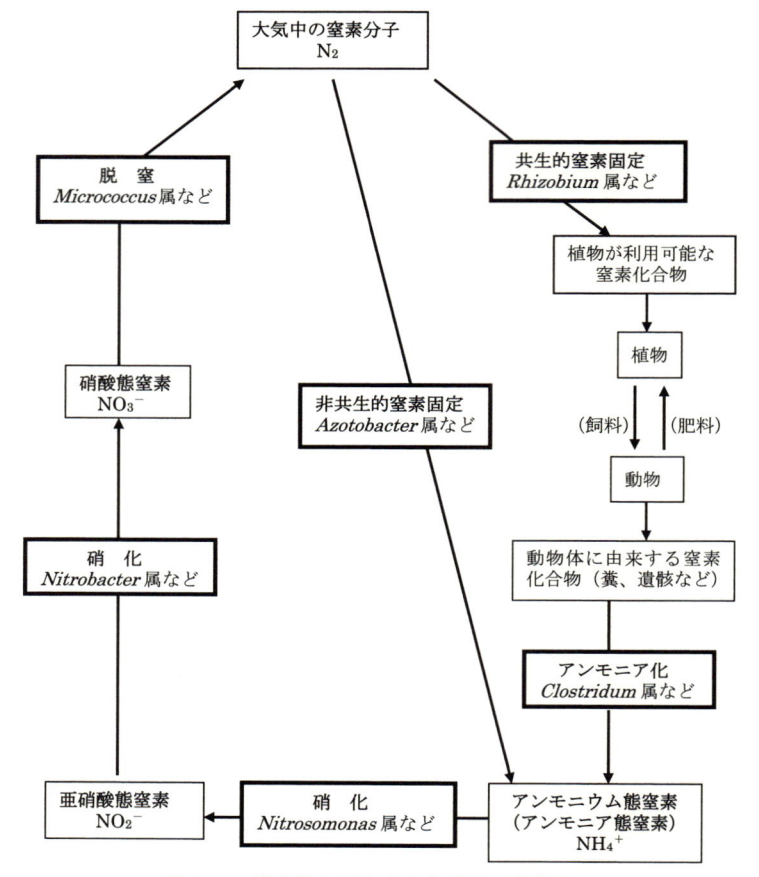

**図11.1 微生物が関与する自然界の窒素循環**

モニウム態窒素（アンモニア態窒素）の形成を**アンモニア化**（ammonification）という。アンモニア化も微生物が関与する窒素循環の初発反応の一つである。

窒素固定やアンモニア化によって還元的に生成したアンモニウム態窒素（アンモニア態窒素）は，*Nitrosomonas*属などの好気微生物によって**亜硝酸態窒素**（$NO_2^-$）に酸化された後，さらに*Nitrobacter*属などによって**硝酸態窒素**（$NO_3^-$）に酸化される。これらの反応はいずれも**硝化**（nitrification）[5]と呼ばれ，硝化作用をもつ微生物群を**硝化菌**と総称する。

$$NH_4^+ + 2O_2 \longrightarrow NO_2^- + 2H_2O \qquad \text{(式 11.8)}$$

$$2NO_2^- + O_2 \longrightarrow 2NO_3^- \qquad \text{(式 11.9)}$$

---

5) 一般的に（式11.8）と（式11.9）に示すアンモニウム態窒素（アンモニア態窒素）の亜硝酸態窒素への酸化，および亜硝酸態窒素の硝酸態窒素への

酸化は，それぞれ異なる微生物が関与して進行するので，これらの反応は逐次的，段階的に進行する．

他方，亜硝酸態窒素あるいは硝酸態窒素は *Paracoccus* 属に代表される嫌気微生物によって（式 11.10）あるいは（式 11.11）に従って窒素ガスにまで還元され，大気中に放出される．この反応を**脱窒**（denitrification）と呼び，脱窒作用をもつ微生物群を**脱窒菌**と総称するが，脱窒反応は亜硝酸態窒素に比べて硝酸態窒素が速やかに進行する．これらの反応における水素イオン（プロトン，$H^+$）も $\beta$ 酸化の場合と同様に $NADH_2$ などの補酵素を供与体とする．

$$2NO_2^- + 4H^+ \longrightarrow N_2 + 2H_2O \qquad (式\ 11.10)$$

$$2NO_3^- + 12H^+ \longrightarrow N_2 + 6H_2O \qquad (式\ 11.11)$$

## 11.4　自然環境中の硫黄循環における土壌微生物の役割

硫黄元素は単体硫黄（S あるいは $S^0$ と表記される）として日本の土壌中に多量に存在し，また生物細胞内でシステインやメチオニンなどの含硫アミノ酸やその他の有機硫黄化合物として存在して生物が死滅すると無機硫酸塩となって環境中へ放出される．

他方，土壌中には *Desulfovibrio* 属などの**硫酸還元菌**と呼ばれる偏性嫌気性微生物が普遍的に存在する．硫酸還元菌は硫酸還元酵素の作用によって硫酸塩を還元して亜硫酸イオン（$SO_3^{2-}$）を生成し，さらにほとんどの硫酸還元菌の菌種は亜硫酸還元酵素などの関与によって亜硫酸イオンをトリチオン酸イオン（$S_3O_6^{2-}$）やチオ硫酸イオン（$S_2O_3^{2-}$）に還元して最終的には硫化水素（$H_2S$）を生成する．したがって硫酸還元菌による硫酸塩の還元は無機塩呼吸（第 5 講）の一種であり，**硫酸塩呼吸**と呼ばれる．なお硫化水素は人間の呼吸中枢に作用して呼吸阻害をもたらすため，汚水などに存在する硫酸還元菌が発生する硫化水素によって時に重大な人身事故が発生する．

$$SO_4^{2-} \longrightarrow SO_3^{2-} \longrightarrow S_3O_6^{2-} \longrightarrow S_2O_3^{2-} \longrightarrow S^0 \qquad (式\ 11.12)$$

他方，*Thiobacillus* 属などの**硫黄酸化細菌**は，（式 11.12）の逆向きの反応によって単体の硫黄（$S^0$）を硫酸イオン（$SO_4^{2-}$）にまで酸化する．

$$S^0 \longrightarrow S_2O_3^{2-} \longrightarrow S_3O_6^{2-} \longrightarrow SO_3^{2-} \longrightarrow SO_4^{2-} \qquad (式\ 11.13)$$

また，硫黄酸化細の中でも *Rhodopseudomonas* 属や *Chromatium* 属などの微生物は**硫黄細菌**と呼ばれ，細胞内にバクテリワクロロフィルが存在する**光合成**細菌（photosynthetic bacteria）である（第 4 講など）。したがって硫黄細菌は硫黄を酸化する過程で発生する電子（あるいは水素イオン（$H^+$））を利用してエネルギー（ATP）を合成し，そのエネルギーによって光合成を行って自身の炭素栄養源（糖類）を合成する独立栄養微生物である。

　海外では硫黄酸化細菌や鉄酸化細菌[6]のような鉱山の鉱内水に存在する細菌群を利用して鉱石に含まれている有用金属を溶出，回収する**バクテリアリーチング**（微生物採鉱法）も行われている。

　以下に硫黄酸化細菌と鉄酸化細菌を利用して硫化銅（CuS）鉱石を硫酸塩（硫酸銅，$CuSO_4$）に変換し，次いで銅（Cu）を溶出するバクテリアリーチングの例を示す。

> [6]　2 価鉄（$Fe^{2+}$）を 3 価鉄（$Fe^{3+}$）に酸化するときに発生する電子を利用してエネルギー（ATP）を獲得し増殖する細菌を鉄酸化細菌というが，純粋培養に成功している菌種は少ない。また鉄酸化細菌属のいくつかの菌種はマンガン化合物も酸化する。なお鉄はケイ酸（$SiO_2$）に次いで土壌中に多い元素であることから（このような物質を地殻構造物質という），鉄酸化細菌は比較的一般的に土壌中に存在する微生物である。

　自然環境下で黄鉄鉱（硫化鉄の一種，$FeS_2$）は酸素と水によって自然酸化され，硫酸第一鉄（$FeSO_4$）に変化する。

$$2FeS_2 + 2H_2O + 7O_2 \longrightarrow 2FeSO_4 + 2H_2SO_4 \quad (\text{式 11.14})$$

生成した硫酸第一鉄（$FeSO_4$）は鉄酸化細菌によって硫酸第二鉄（$Fe_2(SO_4)_3$）に酸化される。

$$4FeSO_4 + 2H_2SO_4 + O_2 \xrightarrow{\text{鉄酸化細菌}} 2Fe_2(SO_4)_3 + 2H_2O \quad (\text{式 11.15})$$

ここで生成する硫酸第二鉄（$Fe_2(SO_4)_3$）は，（式 11.16），（式 11.17）および（式 11.18）のように，それぞれ黄銅鉱（$CuFeS_2$），輝銅鉱（$Cu_2S$），あるいは銅らん（CuS）などの硫化銅を硫酸銅（$CuSO_4$）として溶出する。

$$CuFeS_2 + 2Fe_2(SO_4)_3 \longrightarrow CuSO_4 + 5FeSO_4 + 2S \quad (\text{式 11.16})$$

$$Cu_2S + Fe_2(SO_4)_3 \longrightarrow CuSO_4 + 2FeSO_4 + CuS \quad (\text{式 11.17})$$

$$CuS + Fe_2(SO_4)_3 \longrightarrow CuSO_4 + 2FeSO_4 + S \quad (\text{式 11.18})$$

　他方，（式 11.16）から（式 11.18）の反応で生成する硫酸第一鉄（$FeSO_4$）は（式

11.15）の反応で鉄酸化細菌によって硫酸第二鉄（$Fe_2(SO_4)_3$）へ再変化して（式11.16）から（式11.18）の反応に再使用される。

また（式11.16）と（式11.18）で生成する単体の硫黄（$S^0$）は，硫黄酸化細菌によって硫酸イオン（$SO_4^{2-}$）あるいは硫酸（$H_2SO_4$）となる（（式11.13）および（式11.19））。

$$2S + 3O_2 + 2H_2O \xrightarrow{\text{硫黄酸化細菌}} 2H_2SO_4 \qquad \text{（式 11.19）}$$

生成した硫酸は，鉄酸化細菌による硫酸第二鉄（$Fe_2(SO_4)_3$）形成反応（式11.15）に再利用され，結果的に硫黄酸化細菌による硫黄循環が成立する。

なお，（式11.16）から（式11.18）の反応で生成する硫酸銅（$CuSO_4$）は，イオン化傾向の差によって鉄と置換し，沈殿銅として回収される。

$$Fe + CuSO_2 \longrightarrow FeSO_4 + Cu \qquad \text{（式 11.20）}$$

# 第 12 講　■微生物を利用する環境浄化

## 12.1　微生物を利用する水環境の浄化：活性汚泥法

　水の汚染は，工業の発展とそれに伴う人口の局所的増加に起因する。事実，産業革命によってヨーロッパの主要都市では工業生産が急速に発展し，また工場の生産活動を支える労働者とその家族が都市部に集中したため，前者が排出する工場排水と後者が排出する生活排水や汚物が激増して河川水の汚染が急速に進行し，コレラなどの伝染性疾病が大流行したと記録されている。

　このような疾病発生を契機として人々は工場排水や生活排水の汚染を意識するようになり，**排水浄化**[1] の概念が成立した。さらに河川水の汚染は排水に含まれる有機物が原因となることや，汚染原因となる有機物は微生物によって分解されることが見出されて（第11講），微生物群を利用して排水浄化を行う**活性汚泥法**が考案された。その後，さまざまな改良が加えられて活性汚泥法は今日も極めて有効な排水浄化法とされている。

> 1) 浄化前の水を廃水（wastewater）と呼び，何らかの浄化操作を行った後の水を排水（effluent）と呼んで両者を区別する場合もあるが，本書では浄化操作や処理にかかわらず，すべて排水の語を用いる。

　微生物化学的に活性汚泥法は好気性微生物による酸化反応を原理とする。すなわち有機物を含む排水を好気性微生物群（**活性汚泥**）が存在する好気反応槽に導入して十分量の空気（酸素）を供給し，槽内の活性汚泥によって有機物を酸化する。この好気反応槽を**ばっ気槽**（曝気槽）という。

　たとえば典型的有機物であるグルコースは，ばっ気槽内の活性汚泥によって（式12.1）のように酸化され，結果的にグルコースを構成する炭素原子は二酸化炭素分子として大気中に放出され，また水素原子は水分子となる。

$$C_6H_{12}O_6 + 6O_2 \longrightarrow 6CO_2 + 6H_2O \qquad (式12.1)$$

　他方，排水中にはタンパク質のような含窒有機物（窒素原子を含む有機物）も存在する。含窒有機物の窒素原子は，多くの場合アンモニウム態窒素（アンモニア態窒素）として存

在し，活性汚泥によって（式12.2）および（式12.3）に従って亜硝酸態窒素（$NO_2^-$）を経て最終的に硝酸態窒素（$NO_3^-$）にまで酸化される（第11講）。

$$NH_4^+ + 2O_2 \longrightarrow NO_2^- + 2H_2O \qquad (式12.2)$$

$$2NO_2^- + O_2 \longrightarrow 2NO_3^- \qquad (式12.3)$$

これらの反応を排水中の一般的有機物についてまとめると，ばっ気槽内の活性汚泥によって有機物は（式12.4）のように表わされる。

$$C_xH_yN_zO_v(有機物) + nO_2 = (x-x')CO_2 + yH_2O + (z-z')NO_3^- + 微生物細胞 \qquad (式12.4)$$

ここでx'あるいはz'は，微生物の増殖に栄養源として用いられた炭素原子あるいは窒素原子のモル数を示す。なお菌体を構成する水素原子は周囲の水分子から供給されるのでyの変化は無視できる。

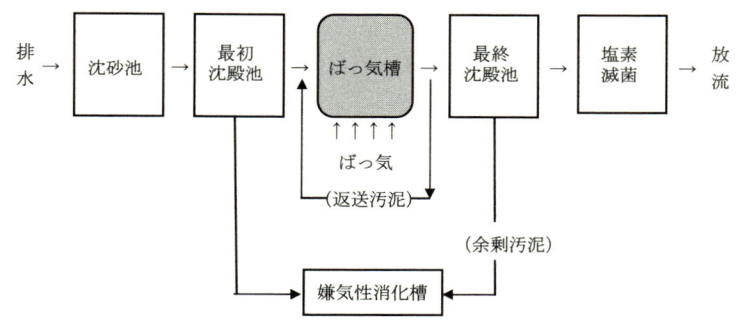

**図12.1 活性汚泥法のフロー**

排水中の大きなゴミなどを砂ろ過で取り除いた後（沈砂池），比重の大きな不溶物を沈殿させて除去する（最初沈殿池）。次いで最初沈殿池の上澄水をばっ気槽へ導入して好気微生物群（活性汚泥）で酸化した後，さらに最終沈殿池に導入して沈殿物（増殖した活性汚泥やそれらの凝集塊）と上澄水とに分け，さらに上澄水を次亜塩素酸などで滅菌して河川や海に放流する（処理水）。また最終沈殿池の沈殿物の一部は不要な汚泥（余剰汚泥）として処理されるが，一部はばっ気槽に返送して再利用する（返送汚泥）。なお最初沈殿池の不溶物や最終沈殿池で発生する沈殿物（余剰汚泥）を嫌気微生物群（嫌気的活性汚泥）の存在する嫌気反応槽に導入して高分子量有機物を低分子量物質に分解（消化）する場合がある。これを嫌気性消化槽というが，本書では省略する。

他方，低分子化した有機物を栄養源として活性汚泥が増殖すると**フロック**と呼ばれる微生物凝集塊が形成される。フロックは活性汚泥が生産する多糖類や糖タンパク質を主成分とする吸着性の高い粘性物質であり，活性汚泥は自身が生産する粘性物質に吸着するのでフロックは成長し，またフロックは排水中の不溶性有機物（浮遊物質）も吸着するため，フロック形成によって浄化は促進される。

さて，排水中に窒素原子が高濃度で存在する場合，生成する硝酸態窒素（$NO_3^-$）に起

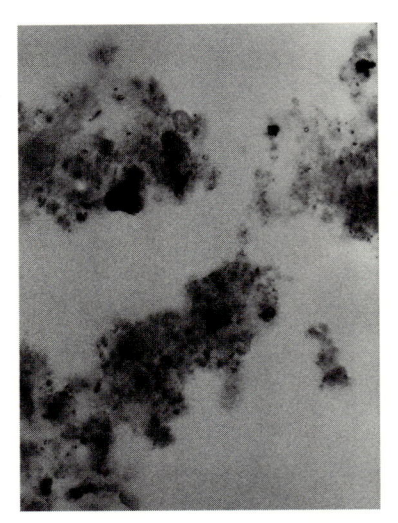

図 12.2　活性汚泥のフロック（倍率 200 倍）

因してばっ気槽内の pH が低下し，活性汚泥による有機物酸化反応が抑制される場合がある。そのため嫌気性微生物である脱窒菌群（第 11 講）が存在する嫌気的**脱窒槽**で硝酸態窒素を窒素分子（$N_2$）に還元して大気中に放出することが行われる。このような方法を活性汚泥法の**高度処理**という。

$$2NO_3^- + 12H^+ \longrightarrow N_2 + 6H_2O \qquad (式 12.5)$$

（式 12.5）に示した反応に必要な還元力（水素イオン）は $NADH_2$ や $NADPH_2$ などの還元型補酵素から供給される。

なお代表的脱窒菌である *Paracoccus* 属は従属栄養微生物であるが，有機物を構成する炭素原子はすでにばっ気槽で二酸化炭素分子へ変換されているので，結果的に脱窒槽には脱窒菌増殖の栄養となる炭素源が存在しない。したがって安価なメタノールを脱窒菌の炭素源として低濃度で供給する場合も多い。また硫黄酸化細菌など硝酸態窒素還元活性を有する独立栄養微生物を脱窒菌として利用し，炭素源を供給せずに脱窒反応を行う方法も研究されている。

## 12.2　活性汚泥法の指標

排水の汚染はさまざまな有機物の混合物が原因であり，個々の有機物濃度を直接的に測定することは困難である。他方（式 12.1）に基づくなら，排水中の有機物を完全に酸化するために必要な酸素濃度は排水中の有機物濃度に比例するので，酸素濃度を**有機物汚濁指標**として排水中の有機物濃度を推定することも可能である。このような考えに基づいて

**生物的酸素要求量**（Biochemical Oxygen Demands, **BOD**）や**化学的酸素要求量**（Chemical Oxygen Demands, **COD**）という概念が導入された。

生物的酸素要求量（BOD）は，排水中に**溶存酸素**（Dissolved Oxygen, **DO**）が十分ある条件下で，好気性微生物が排水中の有機物を完全酸化するときに消費される酸素濃度をいう。生物的酸素要求量の測定にはさまざまな方法が知られているが，基本的には排水と好気性微生物[2]を 20℃ で 5 日間培養した後，0 日目と 5 日目の溶存酸素濃度をもとに（式 12.6）から算出する。

$$\text{BOD}(\text{mg}/\ell) = (\text{DO}_1 - \text{DO}_2) \times A/B \qquad (式 12.6)$$

ここで $\text{DO}_1$：培養開始前の排水の溶存酸素濃度（mg/$\ell$），$\text{DO}_2$：20℃ で 5 日間培養後の排水の溶存酸素濃度（mg/$\ell$），A：希釈試料水量（m$\ell$）（排水中の有機物が高濃度であるため日本工業規格（JIS）に定められた容液[3] で希釈して被検水とする場合が多い），B：排水量（m$\ell$）。

> [2] 日本工業規格では，下水の上澄液，河川水，あるいは土壌の抽出液などの自然環境に存在する微生物群を好気性微生物群として用いる。

> [3] 硫酸マグネシウムなどの無機塩類を含むリン酸カリウム緩衝液をばっ気して飽和溶存酸素濃度とした溶液。

一般的に"きれいな河川"の BOD は 2～3 mg/$\ell$ であり，また家庭排水の下水では約 200 mg/$\ell$ といわれている。さらに食品加工工場からは BOD 値が数千 mg/$\ell$ に達する汚染水が排出される場合もあるが，多くの地方自治体等の活性汚泥法下水処理施設では BOD 値を約 10 mg/$\ell$ 以下とすることが下水道法で定められている。

しかし，BOD の測定は結果を得るまでに 5 日間の比較的長時間が必要であり，排水中の全有機物濃度を即時的に短時間で判定することが困難であることなどから，BOD に代えて，あるいは並行して化学的酸素要求量（COD）を活性汚泥法の有機物汚濁指標として用いる場合も多い。

BOD 測定法と同様に COD 測定法も日本工業規格（JIS）に定められているので本書では省略するが，基本的には強い酸化力をもつ化学薬品（酸化剤）によって排水中の有機物を短時間で強制的に完全酸化し，残存する酸化剤濃度を滴定して消費酸素濃度を算出する。なお酸化剤として日本では過マンガン酸カリウム $\text{KMnO}_4$ が用いられ，欧米では二クロム酸カリウム $\text{K}_2\text{Cr}_2\text{O}_7$ が用いられる。

このように BOD や COD は，微生物や酸化剤によって酸化される有機物の量を消費酸素濃度から推定する方法であるが，有機物はその種類によって酸化率や酸化の程度が異なるので，これらの測定法によって有機物総濃度を推定することが困難な場合もある。この事から，近年は BOD や COD に加えて**全有機炭素量**（Total Organic Carbon, **TOC**）を

有機物汚濁指標として用いる傾向にある。

　TOC測定法は，700℃付近あるいはそれ以上の高温で有機物を酸化した時に発生する二酸化炭素量から有機物濃度を測定する方法である。換言するなら微生物や化学的酸化剤に代えて高温で有機物を燃焼し，有機物を構成する炭素原子を二酸化炭素分子に変換して有機物濃度を推定する方法である。したがって有機物の種類による酸化率や酸化程度の違いは無視でき，さらに測定時間が短いことや一時に大量の試料を連続的に測定できる利点がある。他方，TOCはすべての有機物を燃焼させるために実際の排水ではほとんど問題とならない**難生分解性有機物**（微生物が分解できない有機物）をも測定する可能性があることから，測定目的に応じてBOD, CODあるいはTOCを使い分けることも必要であるといわれている。

## 12.3　微生物を利用する土壌環境の浄化：バイオレメディエーション法

　**バイオレメディエーション**（Bioremediation）は，生物を意味する"バイオ（bio-）"と復元や修復を意味する"レメディエーション（remediation）"とを組み合わせた用語であり，技術体系としても比較的新しい。

　バイオレメディエーション法も，活性汚泥法と同様に微生物の有機物代謝活性を利用した環境改善方法であるが，活性汚泥法が構造物を建設して排水などの浄化対象物を他の場所から集約して汚染浄化を行うのに対し，バイオレメディエーションは原位置（in situ）で環境改善を行うことを特徴とし，**原位置環境改善法**の訳語が用いられる。したがって原位置で汚染浄化が行われることから，バイオレメディエーションは微生物を利用する土壌浄化としての意義が大きい。

　またバイオレメディエーションは，分解対象とする有機物（汚染原因有機物）が1種類から数種類に限定される点に特徴があり，活性汚泥法のように多種類の汚染原因有機物を同時に分解することを目的とする浄化方法ではない。したがってバイオレメディエーションでは，特定の有機物を分解して栄養源とし増殖する微生物，すなわち**資化微生物**の確立に重点が置かれる。

　さて実際のバイオレメディエーション法では汚染箇所の土壌に井戸を掘削し，井戸を通して**内在微生物群**（はじめから汚染箇所の土壌中に存在する微生物群）に栄養源やエネルギー源を供給する。すなわち栄養物などの供給によって内在微生物群全体の増殖を刺激すると，汚染原因有機物を誘導源として有機物分解酵素を誘導合成する微生物（群）が出現する。これらの微生物（群）は，誘導酵素によって汚染原因有機物を低分子化して栄養源として資化できるため他の内在微生物に比べて増殖の栄養環境が有利であるのでさらに増殖が促進され，結果的に**優占菌種**となって汚染原因有機物分解反応が進行する。このようにバイオレメディエーション法は，資化微生物の増殖を促進（スティミュレーション，stimulation）することを原理とするので**バイオスティミュレーション法**（Bio-stimula-

## 12.3 微生物を利用する土壌環境の浄化：バイオレメディエーション法

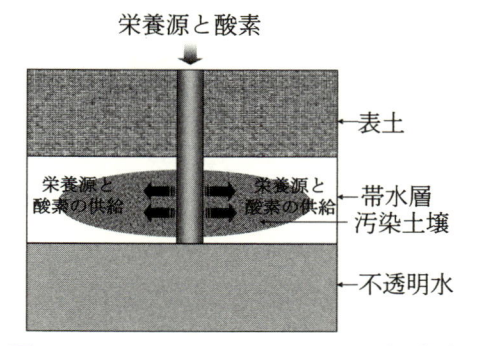

**図12.3 バイオスティミュレーション法の概念**
　土壌は，表土，地下水が流れる帯水層，さらに粘土などを主成分とする不透水層から成る。帯水層に汚染が存在する場合，不透水層まで掘削した井戸を通して栄養源と酸素を供給し，土中に内在する微生物群の増殖を促進する。これによって汚染物質資化微生物種の増殖と汚染物質分解活性が増大するので，原位置で汚染を浄化することが可能である。なおバイオオーグメンテーション法では，図の栄養源と酸素に代えて（あるいはこれらに加えて）別途に培養した特異的な汚染物質資化微生物を注入する。

tion法）と呼ばれる。

　なおバイオスティミュレーション法は，汚染原因有機物分解微生物の増殖と代謝活性に依存することから，汚染浄化完了には数箇月から数年の長期間を要することが一般的である。

　このようなバイオスティミュレーション法の難点を改良する目的から，汚染原因有機物を特異的に栄養源として増殖する資化微生物を開発し，それを高濃度で汚染箇所に加えることによって積極的に汚染原因有機物を分解し，汚染浄化期間の短縮を図る**バイオオーグメンテーション法**（Bio-augmentation法，オーグメンテーションは付加，添加あるいは増加などの意）も開発されている。しかし，この方法では浄化完了までの期間は短縮されるものの，当初から自然環境中に高濃度では存在しない微生物を用いることから，資化微生物の人体に対する安全性や環境負荷などの問題を十分に考慮する必要がある。

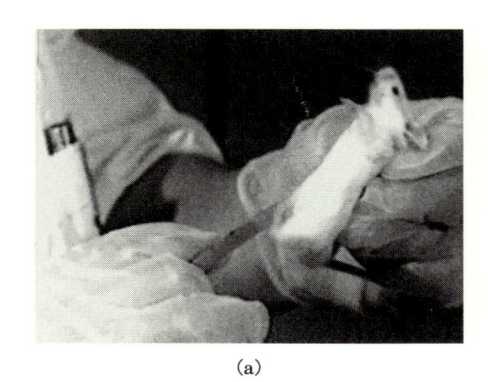

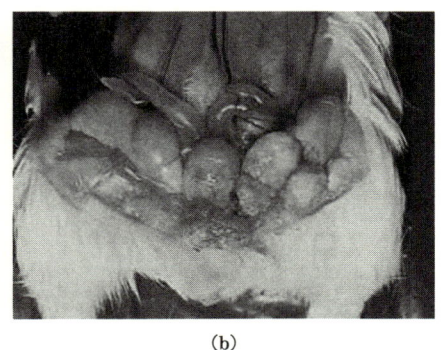

(a) 　　　　　　　　　　(b)

**図12.4 新たに開発した微生物の毒性試験の例**
　(a) 急性毒性試験はマウスの腹腔内に微生物の懸濁液を注入して死亡するまでの時間から算出する，(b) 慢性毒性試験はマウスに微生物を混入した餌を一定期間投与した後，解剖して組織の病変を調査する。

# 第 13 講　生体触媒の固定化（1）
―微生物の固定化―

## 13.1　生体触媒

　自身が変化することなく化学反応を促進する物質を**触媒**という。たとえば窒素ガス（$N_2$）と水素ガス（$H_2$）を混合して加熱するだけでは化学反応は起きないが，反応系に鉄が存在するとアンモニアガス（$NH_3$）が生成する。この反応で鉄は触媒として作用しているが，その作用機構は以下のように理解されている。すなわち触媒表面（鉄表面）に窒素分子と水素分子が吸着すると，いずれの分子も活性化して窒素原子同士の結合（N–N 結合）と水素分子同士の結合（H–H 結合）が解離し，鉄原子–窒素原子結合（Fe–N 結合）と鉄原子–水素原子結合（Fe–H 結合）へ遷移した後，窒素原子–水素原子結合が形成され，結果的にアンモニア分子が形成される。したがって触媒は，その表面に反応物質を吸着することによって物質を活性化して反応を促進する役割をはたす[1]。

> [1] 第 6 講で述べた光触媒（酸化チタン，$TiO_2$）は，その表面に反応物質が吸着しても活性化が起きないので化学反応の触媒としては用いられない。しかし十分な光照射条件下では酸素分子（$O_2$）だけが酸化チタン表面に吸着し，酸素分子間の結合（O–O 結合）が解離して最終的に・$O_3^-$ や $H_2O_2$ などの過酸化分子種を形成する。

　さて，たとえば室温の無菌環境下にタンパク質を置いてもアミノ酸が生成する反応は起きない。しかしこれにタンパク質分解酵素（プロテアーゼ，protease）を加えると，タンパク質を構成するアミノ酸間の結合（ペプチド結合）を加水分解する反応が進行し，アミノ酸が生成する。以上からすれば，細胞内の酵素も触媒と同様の働きをすると考えられる。

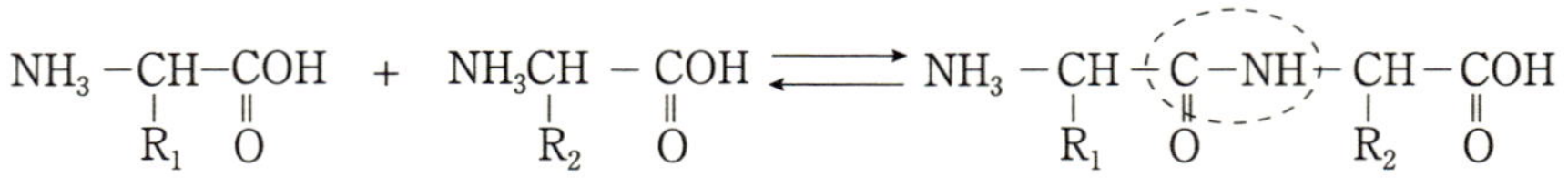

$$NH_3-\underset{\underset{R_1}{|}}{CH}-\underset{\underset{O}{\|}}{COH} + NH_3\underset{\underset{R_2}{|}}{CH}-\underset{\underset{O}{\|}}{COH} \rightleftarrows NH_3-\underset{\underset{R_1}{|}}{CH}-\underset{\underset{O}{\|}}{C}-NH-\underset{\underset{R_2}{|}}{CH}-\underset{\underset{O}{\|}}{COH}$$

**図 13.1　アミノ酸のペプチド結合**
$R_1$ と $R_2$ はそれぞれアミノ酸の側鎖を示す。

　他方，微生物は自身の生命活動を維持するため物質を分解し，あるいは化学構造を変換し，さらには新たな物質を合成する生化学反応を行うが，このような活性はすべて細胞内の酵素の作用による。したがって微生物細胞は，触媒作用をもつ多種類の酵素を含む容器

とも理解される。

このような性質から酵素（タンパク質）や微生物は生体に由来する触媒と考えられ，**生体触媒**と呼ばれる。本講（13講）では生体触媒である微生物の固定化について解説し，次講（14講）ではタンパク質の固定化について解説する。

## 13.2 微生物細胞の固定化

前述のように微生物は細胞内の酵素によってさまざまな反応を行う生体触媒であるが，他方，微生物細胞は極めて微小であるため反応後に反応槽（バイオリアクター）から取り出した微生物細胞と他の水溶性物質（栄養物や生成物）とを分離することは容易ではない。第6講で述べたように，遠心分離やメンブラン・フィルターろ過によって微生物細胞と水溶性物質を分離することは可能であるが，いずれの操作も煩雑で技術的熟練を要する。

以上から微生物の代謝活性を低下させることなく細胞のサイズだけを大きくして，分離操作を容易とする方法が開発された。このような方法は**微生物細胞の固定化**と呼ばれ，「代謝活性を保持しながら一定の空間に微生物細胞を保持し，そのサイズだけを増大させる技術」と定義される。

現在，最も一般的な微生物細胞の固定化法は担体結合法と包括法であり，また特殊な固定化法として架橋法が知られているが，それぞれに種々の改良が加えられている。

**担体結合法**は，微生物細胞を水に不溶性の物質（**担体**またはマトリックス matrix という）表面に，微生物細胞を化学的に結合して固定化する方法である。

具体的には担体表面の陽イオンあるいは陰イオンの電荷に，微生物細胞表面のカルボキシル基（$-COO^-$）やアミノ基（$-NH_4^+$）を利用してイオン結合あるいは共有結合によって固定化する。なお，この方法は担体表面の電荷が微生物細胞で飽和しているため，増殖後に新たに生じる微生物細胞の保持力（結合力）に欠けるともいわれている。

このような問題を解決するために多孔性担体を利用し，担体表面の微細孔に微生物細胞を物理的に吸着させる物理的吸着法も考案されている。この方法では微生物の代謝活性もほとんど影響をうけず，また微生物細胞を担体表面に化学的に結合させる方法に比較して操作も簡単であるが，微細孔が開放しているため微生物細胞の保持力に欠け，操り返して使用すると微生物細胞が微細孔から遊離する**菌体漏出**の起きる場合もある。

**包括法**は，天然高分子物質あるいは合成高分子物質の薄膜を担体とし，これらの分子構造中に菌体を封じ込める（包括する）方法である。機械的強度や化学的安定性に優れ，また菌体の漏出も少ないことから実用例も多い。天然高分子物質としては海藻の多糖類であるアルギン酸や$\kappa$-カラギーナンが用いられ，また合成高分子物質として光照射によって固化するポリアクリルアミドや光硬化樹脂が用いられる。

これらの物質はいずれも，格子構造を基本単位とするゲル状物質であり，格子構造内部に微生物細胞を包括する。微生物細胞のような巨大粒は格子の外に出ることができない

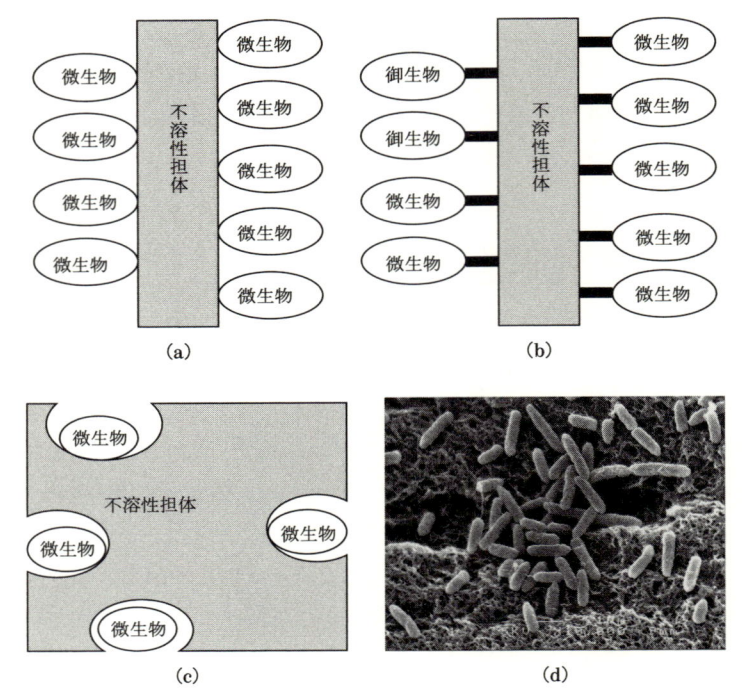

**図 13.2 担体結合法による微生物細胞固定化**
(a) イオン結合法；不溶性担体表面の陽イオンや陰イオンの電荷に微生物外殻のカルボキシル基（COO⁻）やアミノ基（NH₃⁺）をイオン結合して固定化する方法，(b) 共有結合法；不溶性担体表面に反応性にとむ官能基を導入し（図の太実線），これに微生物細胞を共有結合して固定化する方法，(c) 物理的吸着法；セラミックスのような多孔性担体表面の微細孔の中に微生物を保持して固定化する方法，(d) 合成高分子担体表面の微細孔に物理的吸着法で固定化した細菌（倍率 18,000 倍，岡本弘美博士による）。

が，微生物の栄養源などの低分子量物質や酸素などの分子は格子構造を自由に通過してゲル内（担体内）に拡散するので，微生物の代謝活性は維持される。さらに担体として用いる高分子物質の種類や濃度によって格子構造の大きさ（重合度）を任意に設定することが可能である。

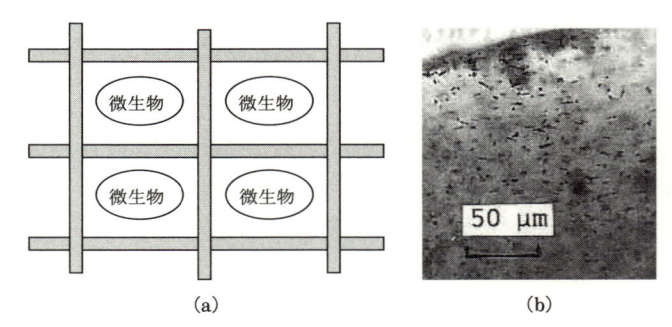

**図 13.3 包括法による微生物固定化**
(a) 担体の格子構造内部に微生物を固定化する方法で，基質や水などの低分子物質は格子間を自由に移動できるが，微生物細胞のような粒子や巨大分子は格子内に封じ込められる。また高分子物質の濃度を変えることによって格子の大きさを調整できる，(b) アルギン酸ナトリウムを担体とする細菌の固定化例。担体内部に斑点状に固定化細菌が観察される（岡本弘美博士による）。

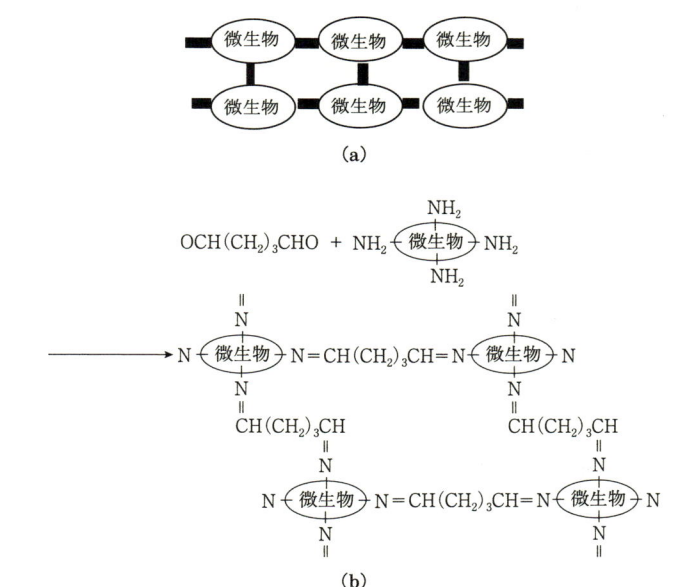

**図 13.4 架橋法による微生物固定化**
(a) 架橋法は不溶性担体を用いずに二官能試薬によって微生物同士を架橋して固定化する，(b) 二官能試薬としてグルタールアルデヒドを用いて微生物を固定した場合の概念。

　上記の担体結合法や包括法とは異なってグルタルアルデヒド（$OHC(CH_2)_3CHO$）などの二官能試薬（対称形の分子で両端に同じ反応基をもつ試薬）によって微生物細胞同士を連結（架橋）してサイズを大きくする固定化法を架橋法という。しかし一般に二官能試薬は微生物細胞に対する毒性が高く微生物の代謝活性が阻害される場合も多いので，特殊な目的に用いられる固定化法である。

　さて担体結合法や包括法によって微生物細胞を固定化すると，遊離微生物細胞には見られないさまざまな反応特性が発現する。たとえば固定化微生物を用いる反応では，遊離微生物に比較して低濃度の基質（代謝される物質，栄養物も含まれる）でも速やかに反応が進行するといわれている。このような現象がもたらされる原因は未だ十分に明らかにはされていないが，現在は固定化によって反応系単位容量当たりの微生物細胞濃度が高濃度となるので基質に対する見かけの親和性が増大する（Michelis 定数（$K_m$ 値）が低下する）ためと理解されている。

　なお一般的には固定化微生物は，バイオリアクター（生物反応容器）内に充填し（充填型バイオリアクター），下流から連続的に基質を供給し，また上流から連続的に生成物などの代謝産物を取り出す連続培養システム（第 7 講）として用いられる。このような培養方法では，回分培養で問題となる代謝産物の蓄積による pH 低下やイオン強度変化などの環境変化を無視することが可能であり，またバイオリアクターへの供給速度やバイオリアクターからの取り出し速度を変化させることによって滞留時間（反応液がバイオリアクター内に保持される時間）を制御することも可能となる。さらに担体を回収し，微生物を再

## 第13講 ■生体触媒の固定化（1）

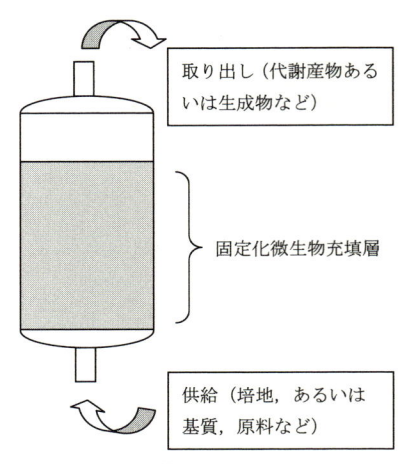

**図 13.5　充塡型バイオリアクター**

重力や担体の自重などによってバイオリアクター内で内容物が目詰まりすること（閉塞）を防ぐため，通常はリアクター下方から培地や原料などを連続的に供給し，上方から反応終了液を取り出す。またバイオリアクター内で担体が自身の重量によって崩壊することを防ぐため，大容量の反応には中容量の充塡型バイオリアクターを積み重ねて多段型バイオリアクターとする場合も多い。

利用できる点なども微生物固定化の特徴である。

# 第14講 生体触媒の固定化（2）
## —標識免疫測定法—

## 14.1 免　　疫

　微生物細胞固定化技術の開発とともに，これと同様の科学的原理によって酵素の固定化技術が開発された。なお酵素の固定化について本書では省略するが，優れた成書が多いことから，これらを参照されたい。

　他方，医療分野では超微量で生理活性作用を発現するホルモン類やウイルス粒子の定量や検出が必要となり，さらに環境分野でも微量で生体に影響を及ぼすダイオキシン類などの超微量環境汚染物質の濃度を正確に測定する技術が求められるようになった。しかし従来の機器分析法だけでは超微量物質の測定が容易ではないことから，微生物固定化技術を応用してタンパク質を固定化し，超微量物質の測定が行われるようになった。本講では動物の免疫タンパク質を固定化して超微量物質を測定する免疫測定法の例について解説する。

　さて，ある種の伝染病に一度罹ると二度と同じ病気には罹らない現象は古くから経験的に知られていた。その後，伝染病の原因となる病原微生物や病原ウイルスの微細構造と科学的特性が明らかにされ，このような現象は免疫（immune）と呼ばれる生体防御反応が機能するためと認識されるようになった。

　このような免疫の基本的な概念はオーストラリアの医師・細菌学者であるバーネット（F.Burnet）によって提唱された"自己と非自己の識別"という考え方である。彼は，人間をはじめとする動物には，自分（自己）と自分を構成する物質以外のもの（非自己）とを区別する機構が存在すると説明した。たとえば病原微生物や病原ウイルスなどの病原体による感染症では，宿主（人間）が自己であり，病原体が非自己である。したがって宿主である人間は非自己である病原体を識別し，これを排除しようとする。バーネットは非自己を抗原（antigen：Agと略記される）と名付け，また非自己を体内から排除するための道具（タンパク質）を抗体（antibody：Ab）と呼んだ。酵素と異なって抗体には物質の分解や化学構造変化などの活性はないが，抗原と強固に結合する生体防御タンパク質の一種であり，免疫グロブリンとして分類される血液タンパク質である。また抗原分子には抗原決定基[1]と呼ばれる抗原特有の化学構造と立体構造をもつ部位が存在する。

> 1) セルロース（グルコース重合体）のように同一の低分子量化学物質が繰り返して重合した単純な高分子物質は抗原とはならず，特徴的で複雑な化学物

質の重合体だけに抗原決定基が存在し，抗原としてとして機能する。したがって単純高分子物質を抗原とする場合には抗原決定基となる構造を有機化学的に付加する必要がある。

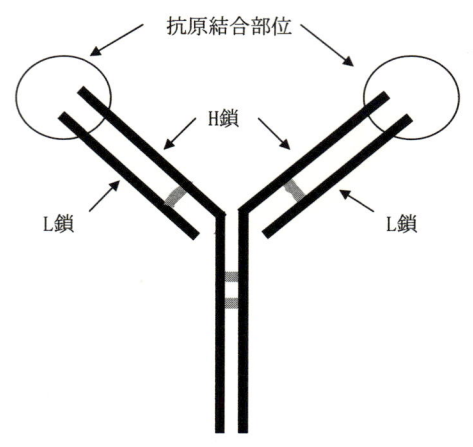

**図 14.1　免疫グロブリンの構造**

免疫グロブリンの基本構造はアルファベット大文字のYに類似した形であり，L鎖（light chain，軽鎖）およびH鎖（heavy chain，重鎖）と呼ばれる2本のペプチド鎖がジスルフィド結合（向かいあうシステインのチオール基（-SH基）に由来する-S-S結合，図の灰色の部分）している。L鎖とH鎖の先端部（N末端）には抗原結合部位が存在し，抗原（正確には抗原の抗原決定基）が結合する。概念的には，抗原の化学的および立体的構造に応じた"特異的な受容部位"が免疫グロブリン分子先端部に形成され，この部位に抗原が結合することによってさまざまな抗原と特異的に結合する抗体となる（図14.4参照）。抗体結合部位付近の化学構造は抗原によって変化するので可変領域（variable region）といい，またL鎖とH鎖の尾部付近（C末端）はすべての免疫グロブリンに共通の構造であるので定常領域（constant region）という。

さらにバーネットは抗原が抗体によって排除される免疫の機構を詳細に研究し，以下のように説明した。すなわち抗原が動物の体内に侵入すると，胸腺（英語ではthymus）という器官でつくられるリンパ細胞（thymusでつくられるのでT細胞という）が抗原分の抗原決定基を認識し，その情報を骨髄（英語ではbone marrow）で作られるリンパ細胞（B細胞）[2]に伝達する[3]。B細胞は，T細胞から受け取った抗原の化学的，立体的構造（抗原決定基の構造）に関する情報に基づいて，血液中の免疫グロブリンの**抗原結合部位**をその抗原と結合可能な構造に変化させて抗体とし，その結果，**抗原–抗体反応**によって両者は強く結合して**抗原–抗体複合物**を形成して抗原を体外へ排出する。

2) 鳥類のB細胞は主としてファブリキウス囊（のう）という器官でつくられる。

3) リンフォカインなどのケミカル・メディエーターと呼ばれる化学物質を介して情報が伝達される。

ここで留意すべき点は，抗原ごとに抗原決定基はさまざまに異なり，したがって抗原決定基の化学的，立体的構造に基づいてつくられる抗体の抗原結合部位も抗原ごとに異なる

ことである。すなわち抗原と抗体の結合，すなわち抗原–抗体反応と抗原–抗体複合物の形成は極めて**特異性**が高く，鍵と鍵穴の関係にたとえられる酵素と基質の基質特異性に比較しても格段に厳密である。

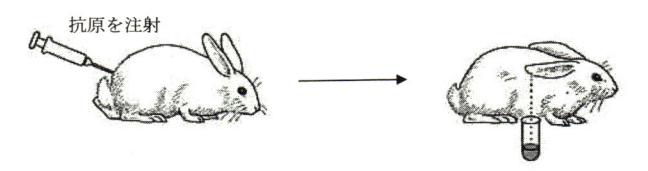

**図 14.2 抗体の作成**

実験室で抗体を作成するためには操作や飼育が簡単であることから家兎を用いる場合が多い。家兎の皮下あるいは皮内に抗原を注射した後（初回免疫），抗原–抗体複合物を形成する抗体の濃度（抗体力価）を測定しながら数週間にわたって飼育し，必要ならばさらに抗原注射を繰り返す（追加免疫）。このようにして作成した抗体は抗原分子の複数の抗原決定基と結合するのでポリクロナール抗体と呼ばれる。なお単一の抗原決定基とだけ結合する抗体（モノクロナール抗体）は動物を用いずに培養細胞によって作成する。

たとえば図 14.3 に示すように，大腸菌（*Eschelichia coli*）の細胞壁を抗原として作った抗体（これを抗大腸菌細胞壁抗体：anti-*Eschelichia coli*-cell-wall antibody という）の溶液の中に大腸菌を入れると，大腸菌細胞の周囲に抗体が結合して大腸菌細胞は凝集し，容器の底に沈殿する。しかし同じ細菌類であっても枯草菌（*Bacillus subtilis*）細胞を抗大腸菌細胞壁抗体溶液に入れても抗原抗体反応は起きず，枯草菌細胞は溶液中に分散したままである。

**図 14.3 抗体の特異性と抗原–抗体複合物の形成**

(a) 大腸菌細胞の懸濁液に大腸菌細胞壁を抗原として作成した抗体（抗大腸菌細胞壁抗体）を加えると抗原–抗体複合物が形成され，大腸菌細胞は沈殿して懸濁液は透明となる，(b) 枯草菌細胞の懸濁液に抗大腸菌細胞壁抗体を加えても抗原–抗体複合物が形成されないため，枯草菌細胞は懸濁状態である。なお一般的に大腸菌のような動物体内に普遍的に存在する細菌は抗原とならないので，図に示す実験では大腸菌細胞壁を処理して特別な抗原決定基を導入した。

## 14.2 標識免疫測定法

このような極めて特異的な抗原–抗体反応と抗原–抗体複合物形成の原理を利用して超微量物質の測定を行うことが可能である。

たとえば図 14.4 に示すように，抗 A 抗体を固定化した反応系に抗原 A と抗原 B の両者を含む容液を加えると，抗 A 抗体は抗原 A とのみ結合する。

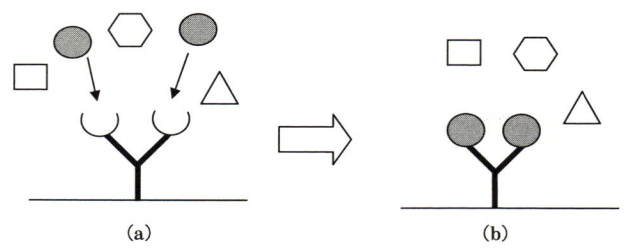

**図 14.4 免疫測定法の原理**
免疫測定法は抗原–抗体反応の特異性を利用する。(a) のように丸い抗原（丸い化学構造と立体構造の抗原決定基をもつ抗原）に対する抗体を固定化し，これと種々の抗原の混合物を反応させると，(b) のように固定化抗体は混合物中の丸い抗原とのみ特異的に反応して抗原–固定化抗体複合物を形成する。

しかし，このままでは「抗原 A–固定化抗 A 抗体複合物」の形成を肉眼で観察することはできないので，さらに可視物質（マーカー）で標識（目印をつけること）した抗 A 抗体と反応させるなら，標識抗 A 抗体は「抗原 A–固定化抗 A 抗体複合物」と反応して「標識抗 A 抗体–抗原 A–固定化抗 A 抗体複合物」を形成し，結果的に標識物質の量（濃度）から抗原 A の量（濃度）を推定することが可能である。これを標識免疫測定法 (labeled immunoassay) という。標識物質として発色性酵素[4]や蛍光色素あるいは放射性同位元素を用いることが多く，それぞれ酵素標識免疫測定法 (enzyme-labeled immunoassay：EIA)，蛍光標識免疫測定法 (fluorescence-labeled immunoassay：FIA)，あるいは放射性同位元素標識免疫測定法 (radioisotope-labeled immunoassay：RIA) と呼ばれる。

> [4] 反応によって呈色物質を生成する酵素をいい，酵素標識免疫測定法ではパーオキシダーゼ (peroxidase) を標識酵素とする場合が多い。パーオキシダーゼは過酸化水素を酸素と水とに分解する反応を触媒し，反応液に鉄イオンが存在すると赤褐色に発色し，また発色の程度は酵素濃度に比例する。

免疫標識測定法にはさまざまな変法があるが，図 14.5 に代表的な酵素標識免疫測定法の原理を示した。

この方法では，まず測定しようとする物質 A に対する抗体（抗 A 抗体）をガラスビーズやプラスチック板などの担体表面に固定化して固定化抗 A 抗体とする。すなわち物質 A は測定対象物質であると同時に免疫的には抗原 A でもある。

次いで測定対象物質 A と，それ以外の夾雑物質を含む試料液を固定化抗 A 抗体と接触させると，試料液中の物質 A のみが固定化抗 A 抗体体と結合して物質 A–固定化抗 A 抗体複合物を形成する。すなわち測定対象物質 A と夾雑物質からなる混合液の中から，抗原抗体反応の特異性を利用して物質 A のみを選択して固定化複合物とする。

抗原–抗体複合物の結合は強固であるので，担体を水洗しても複合物の結合は破壊されず，他方，遊離状態にある夾雑物質は水洗で除かれて，担体には物質 A–固定化抗 A 抗体

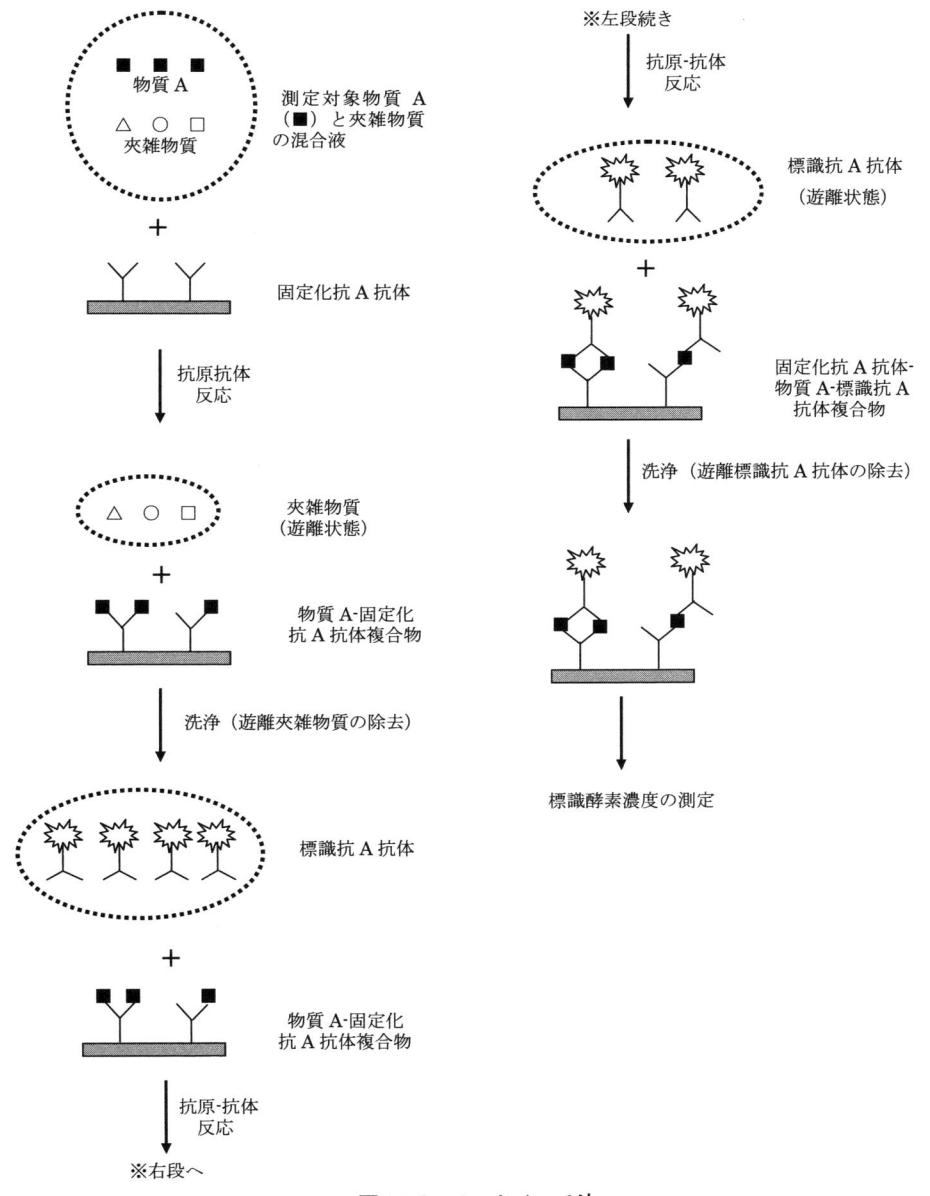

**図 14.5 サンドイッチ法**

だけが残る。

次いで発色酵素で標識した抗A抗体（標識抗A抗体）を加えると，固定化抗A抗体と複合物を形成している物質Aは，さらに標識抗A抗体とも抗原‒抗体結合物を形成する。これを再び水洗すると，これら三者（固定化抗A抗体，物質A，標識抗A抗体）だけが担体表面で抗原‒抗体複合物を形成して存在することとなり，担体に残った発色酵素の発色程度から測定対象物質Aの量（濃度）を選択的に測定できることとなる。

このような酵素標識免疫測定法は，固定化抗A抗体と標識抗A抗体によって測定対象物質Aを挟み込んでいることからサンドイッチ法と呼ばれている。

本書の執筆者である菊池らは，脱イオン水を人為的に病原性細菌と非病原性細菌で同時に汚染し，サンドイッチ法による病原性細菌の検出と定量を試みた。図14.6に示すように，寒天平板法よりもはるかに短時間の操作で機器分析では困難なほど微量の細胞を検出したが，このように標識免疫測定法は微量物質を極めて高感度に短時間で検出し定量できることから，前述の医療分野や環境分野以外にも多くの分野で広く用いられている。

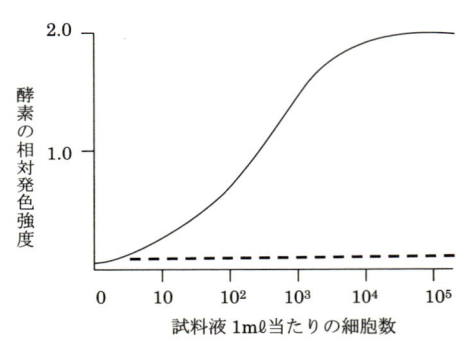

**図14.6　サンドイッチ法による人為的汚染脱イオン水中の病原性細菌数測定**

脱イオン水を人為的に病原性細菌A（実線）あるいは非病原性細菌B（破線）で段階的に汚染して試料水とし，1mℓ当たりのそれぞれの細胞数を酵素標識免疫測定法（サンドイッチ法）で測定した。抗原とした病原性細菌Aは，固定化抗病原性細菌A抗体ならびに標識抗病原性細菌A抗体と複合物を形成し，10から$10^4$の細胞が検出可能であった。他方，固定化抗病原性細菌A抗体および標識抗病原性細菌A抗体は，いずれも対照とした非病原性細菌Bと複合物を形成せず（これを交差反応しないという）検出されなかった。なお病原性細菌の検出が$10^4$程度で飽和するのは酵素の発色強度測定に用いた機器（分光光度計）の特性による。

# 第 15 講　微生物と抗生物質

## 15.1　抗生物質

　微生物には有機物質を代謝してアルコールや有機酸のような物質をつくる能力があることはすでに述べたが，ある種の微生物は医学や薬学で利用可能な抗菌性物質を生産する。

　このような微生物由来の抗菌性物質の研究は，フレミング（A.Fleming）が青カビ（*Penicillum notatum*）の培養液中にグラム陽性菌の増殖を阻害する物質が存在することを見出してペニシリン（Penicillin）と名付け，あるいはワクスマン（S.Wakaman）が放線菌（*Streptomyces gryceus*）の培養液中にグラム陰性菌の増殖を阻害する物質を蓄積することを見出してストレプトマイシン（Streptomycin）と名付けたことに端を発する。

　ワクスマンはこのような抗菌性物質を**抗生物質**（antibiotics）と名付け，「属や種が異なる微生物の細胞増殖を阻害する微生物由来低分子量有機物質」と定義した。その後，微生物の増殖だけではなく動物細胞の増殖も阻害する抗生物質が発見されて，今日，抗生物質は「微生物や動植物の細胞増殖を阻害する微生物由来低分子有機物質」と定義されている。

　さらに今日では青カビや放線菌以外の多くの微生物も抗生物質を生産することが知られ，またさまざまな微生物が生産する抗生物質を有機化学的に構造変換した誘導体や類似体にも細胞増殖阻害活性が認められることから，前者は**天然抗生物質**と分類され，後者は**合成抗生物質**[1]と分類されて，いずれも有効な治療法として臨床的に利用されている。

> 1）　ウイルス粒子の増加を阻害する抗ウイルス剤を合成抗生物質に含める場合もある。しかし抗ウイルス剤は"細胞増殖を阻害する"という抗生物質の定義とは異なり，宿主の微生物細胞や動植物細胞の増殖を阻害しない場合が多いことから本書では抗生物質としては扱わない。

　他方，残念ながら"なぜ微生物が抗生物質を作る必然性があるのか"という微生物生理学的問題は未だ十分には解決されていない。しかし抗生物質が増殖阻害作用を発現する機構（**作用機序**）に関しては薬理学的に詳細に研究されており，以下のように大別されている。

（a）微生物の細胞壁の合成を阻害する抗生物質

　　ペニシリン類（Penicillins）[2]やセファロスポリン（Cepharospolin）などの抗生物質は

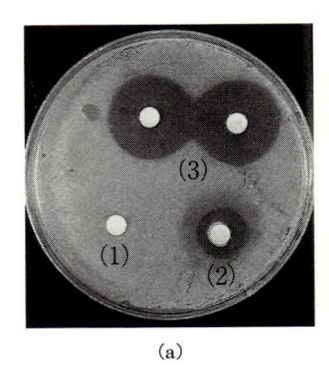

**図 15.1　抗生物質の力価測定**

　抗生物質の増殖阻害の程度（力価）は，ろ紙-寒天平板法あるいは希釈法で測定される。(a) ろ紙-平板法は，被検菌（抗生物質によって増殖や代謝が阻害される微生物）をペトリ皿の固形培地表面全体に接種した後，力価を測定しようとする抗生物質溶液をしみ込ませたろ紙を固形培地表面に置いて培養する。抗生物質は固形培地内部に浸透して拡散するので，力価によって阻止円（被検菌の増殖が阻害される部分，写真 (a) で円形に黒く見える部分）の直径が変化する。直径を精確に測定して最少増殖阻害濃度（MIC, minimum inhibitory concentrations）を求める。写真 (a) の場合，(1)，(2)，(3) の順で阻止円直径が小さくなり，最少増殖阻害濃度は (2) と推定される。(b) 希釈法は，種々の濃度の抗生物質を含む液体培地に被検菌を接種して培養し，一定時間後の増殖程度から最少抗菌濃度（MBC, minimum bactericidal concentrations）を測定する。写真 (b) の場合，最少抗菌濃度は (5) と推定される。

β-ラクタム環という4員環構造をもつことから，**β-ラクタム系抗生物質**として分類される。

　この群の抗生物質は，ペプチド鎖の転移酵素であるトランスペプチダーゼ（transpeptidase）活性を阻害するので，ムコペプチド（糖類とペプチド鎖の結合物質）やリポペプ

> 2）フレミングがペニシリンと呼んだ物質は，β-ラクタム環側鎖の異なるペニシリンG，ペニシリンF，ペニシリンXなどの混合物であり，さらに現在は多くの誘導体が化学合成されていることから，本書ではペニシリン類と表記する。

チド類（脂質とペプチド鎖の結合物質）を主成分とする分裂菌類の細胞壁合成を阻害して抗菌性を発現する。特にトランスペプチダーゼは，糖類とペプチド鎖を結合する活性（ペプチド鎖を糖類に転移する活性）が高いので，β-ラクタム系抗生物質はグラム陰性細菌

**図 15.2　β-ラクタム系抗生物質**

　ペニシリン類やセファロスポリンなどの抗生物質はβ-ラクタム環構造を基本骨格とし，側鎖（R-）によってR-：$H_3CCH_2CH=CHCH_2-$（ペニシリンF），R-：$H_3(CH_2)_5CH_2-$（ペニシリンK）などの誘導体が存在する。

よりもグラム陽性細菌に対して高い抗菌性を発現する。

またバンコマイシン（Vancomycin）やバシトラシン（Bacitracin）などの抗生物質は，その分子内にペプチド構造をもつことから**ペプチド系抗生物質**と呼ばれる。

分裂菌類はムコペプチドやリポペプチドを主成分とする細胞壁の合成に際して，真の材料であるペプチド鎖と誤ってペプチド系抗生物質を細胞内へ取り込むため完全な細胞壁が合成されず，結果的に抗菌性が発現される。

$$\begin{array}{c} \text{L-Pro—L-Val—L-Orn—L-Leu—D-Phe} \\ | \qquad\qquad\qquad\qquad\qquad\qquad | \\ \text{D-Phe—L-Leu—L-Orn—L-Val—L-Pro} \end{array}$$

**図 15.3　ペプチド系抗生物質**
図はグラミシジン S（Gramicidin S）を示した。L-Pro：L-プロリン，L-Val：L-バリン，L-Orn：L-オルニチン（L-グルタミン酸からアスパラギンへいたる中間体），D-Phe：D-フェニルアラニン

さらにアミノ酸誘導体であるシクロセリン（Cycloserine）などは，グラム陽性菌細胞壁の主要成分であるムコペプチドに存在する D-アラニンと構造が類似しているので，**アミノ酸類似抗生物質**と呼ばれる。

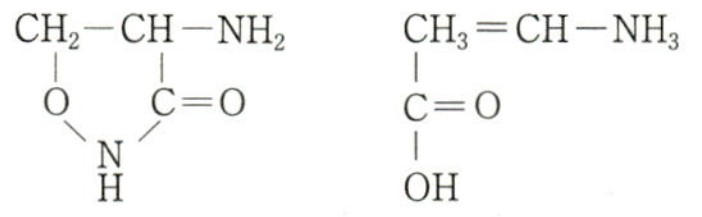

**図 15.4　アミノ酸類似抗生物質**
(a) シクロセリン（cycloserine），(b) D-アラニン（D-alanine）

これらの群の抗生物質も，ペプチド系抗生物質と同様に，細胞壁合成時に真の材料であるアミノ酸と誤って取りこまれ，結果的に細胞壁の合成を不可能にして抗菌性を発現する。

これらの抗生物質はいずれも細胞壁の合成を阻害することによって抗菌作用を発現するので**細胞壁合成阻害抗生物質**と呼ばれる。細胞壁合成阻害抗生物質は対数増殖期の分裂菌類，すなわち細胞壁合成のさかんな分裂菌類に対しては高い抗菌性を発現するが，静止期のような増殖の微弱な期の細胞や休止菌[3]では細胞壁合成も微弱であり，したがって抗菌性も発現しにくい。

> [3]　代謝活性は有するものの増殖能のない微生物細胞を休止菌（resting cells）という。第 7 講参照。

(b) タンパク質の合成を阻害する抗生物質

ストレプトマイシンやカナマイシン（Kanamycin）などの**アミノ配糖系抗生物質**，およびクロラムフェニコール（Chroramphenicol）やテトラサイクリン（Tetracycline）などの**多環抗生物質**は，微生物のタンパク質合成を阻害することで抗菌性を発現し，タンパ

**図15.5 アミノ配糖系抗生物質と多環抗生物質**
(a) ストレプトマイシンなどのアミノ配糖系抗生物質はアミノ基あるいはアミノ酸が付加した糖類を基本骨格とする。(b) テトラサイクリンなどの多環抗生物質は2環以上の環状構造から成る。

ク質合成阻害抗生物質として分類される。

すでに第9講で述べたように，タンパク質の生合成プロセスは (i) 開始反応；遺伝子 (DNA) がもつ遺伝情報を転写した伝達 RNA (mRNA) が**リボゾーム** (ribosome) に結合する反応，(ii) ペプチド鎖伸張反応；mRNA の塩基配列（遺伝情報）をリボゾームが翻訳し，翻訳情報にしたがって転移 RNA (tRNA) の関与のもとにリボゾーム上でアミノ酸が重合してペプチド鎖が伸張する反応，および (iii) 終了反応；伸張が終了したペプチド鎖がリボゾームから遊離する反応を経る。また細菌類などの原核微生物と酵母や糸状菌などの真核微生物のいずれのリボゾームも RNA（リボゾーム RNA, rRNA）とタンパク質を主成分とする大亜粒子 (large subunit) および小亜粒子 (small subunit) から成るが，原核微生物と真核微生物ではそれぞれの粒子の沈降定数（スドベリ定数，S）が異なる。すなわち原核微生物のリボゾームは，50 S 大亜粒子と 30 S 小亜粒子が会合してリボゾーム全体としては 70 S の沈降定数を示す粒子であり，他方，真核微生物のリボゾ

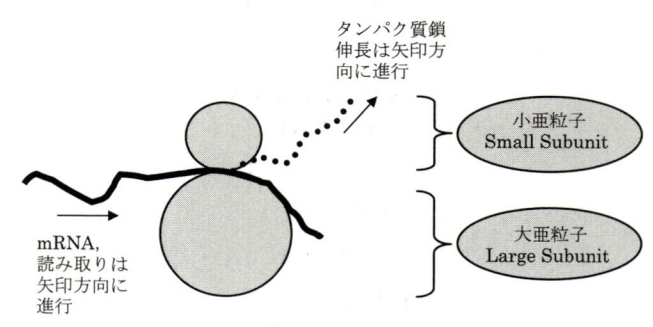

**図15.6 リボゾームの概念**

ームは60S大亜粒子と40S小亜粒子が会合して80Sの沈降定数を示す粒子である。

タンパク質合成阻害抗生物質は，原核微生物リボゾームの30S小亜粒子に特異的に結合し，その結果，30S小亜粒子と50S大亜粒子の会合が崩壊してリボゾームは機能を失ってタンパク質合成が不可能となり，抗菌性が発現される。

したがって上記の抗生物質は原核微生物に対してのみ抗菌性を発現するが，近年は真核微生物の60S大亜粒子と40S小亜粒子の会合を阻害して抗菌効果を発現する抗真菌性抗生物質も開発されている。

(c) 核酸の合成や重合化を阻害する抗生物質

フォルマイシン（Formycin）類やツベルシジン（Tubercidin）あるいはトヨカマイシン（Toyokamycin）などの抗生物質は，化学構造がプリン塩基やピリミジン塩基などの核酸塩基に類似しているので核酸類似抗生物質と呼ばれる。微生物はDNAの複製やRNAを重合する時に真の核酸と誤ってこれらの抗生物質を取り込むので，核酸合成や重合化が阻害され，結果的に微生物細胞の増殖が阻害される。

さらに第9講で述べたように微生物や動植物の核酸合成や重合化の機構はすべて同一であることから，核酸類似抗生物質は原核微生物や真核微生物にかぎらず動植物細胞にも作用する抗生物質である。

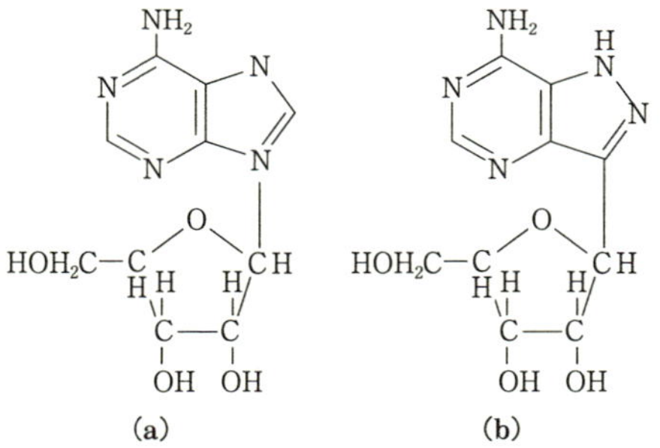

**図15.7 核酸類似抗生物質**

フォルマイシン（a）の塩基部分の化学構造はアデノシン（b）のそれに類似するので，細胞は正しいアデノシンと誤ってフォルマイシンを利用とし，結果的に増殖が阻害される。

なおペニシリンやストレプトマイシンのように原核微生物の増殖を阻害する抗生物質を第一世代の抗生物質と呼び，核酸系抗生物質のように真核微生物や動植物細胞にも抗菌効果を発現する抗生物質を第二世代の抗生物質と呼ぶ。さらに今日では，抗菌スペクトル[4]の拡大や次項で述べる耐性菌の出現を解決する目的で化学合成による合成抗生物質も開発されており，第三世代の抗生物質と呼ばれている。

> 4) 抗生物質によって増殖が阻害される微生物の種類を抗菌スペクトルという。

## 15.2　抗生物質に対する耐性

　このようにさまざまな抗生物質が発見され，またそれらの作用機序についての研究が行われているが，他方，抗生物質によって増殖が阻害される**感受性菌**を長期間にわたってその抗生物質にさらすと，増殖が阻害されない現象が観察されるようにもなった。このような現象は，微生物が抗生物質の抗菌作用に対して耐性を獲得した**耐性菌**の出現による。

　耐性菌出現の理由としてさまざまな学説が提唱されているが，微生物が**抗生物質分解酵素**を誘導合成するという説が最も科学的であろう。事実，多くの細菌類は，ペニシリンやセファロスポリンなどの$\beta$-ラクタム系抗生物質を誘導源として$\beta$-ラクタム環を加水分解する酵素（$\beta$-ラクタマーゼ）を合成して$\beta$-ラクタム系抗生物質に対して耐性菌となる。現在は単一の抗生物質だけではなく多くの抗生物質に耐性をもつ**多剤耐性菌**が知られているが，これらは多種類の抗生物質を誘導源として多種類の分解酵素や構造変換酵素を誘導合成する結果と考えられている。

　他方，抗生物質生産微生物は，なぜ自身の生産する抗生物質によって増殖を阻害されないのか，という**自己耐性**については不明な点も多いが，多くの研究成果から以下のような三つの学説が科学的に合理的であるとされている。

　第一の学説は，抗生物質生産微生物は抗菌性のある抗生物質（活性型抗生物質）を生産して細胞外に分泌するのではなく，不活性型抗生物質あるいは活性型抗生物質の前駆体（前駆抗生物質）を生産して分泌し，これらは細胞外で生物化学的に修飾されて活性型抗生物質に変化するという学説である。さらにこの説では，修飾によって活性型となった抗生物質は生産菌の細胞壁外側に吸着する性質を獲得するという。したがって活性型抗生物

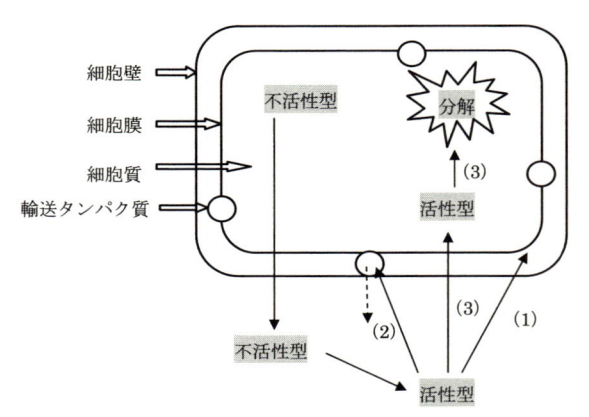

**図 15.8　抗生物質生産微生物の自己耐性**

抗生物質生産微生物の自己耐性を説明する学説は，いずれも，抗生物質生産微生物細胞内で生産された不活性型抗生物質が細胞外に分泌された後に活性型抗生物質に変換することを前提とする。活性型抗生物質は（1）生産微生物の細胞壁外殻に吸着する性質を獲得して細胞内へ移動できない，（2）生産微生物細胞膜の輸送タンパク質と結合できない立体構造であり細胞内へ輸送されない，（3）生産微生物細胞内に移動できるが，生産微生物の細胞内には活性型抗生物質分解酵素が存在するので生産菌自身は抗生物質によって増殖を阻害されない。

質は生産菌自身の細胞内へ移動することができず，生産菌は増殖阻害を受けない。

　また第二の説は上記の第一の説と同様に生産菌細胞内部への抗生物質の移動性を根拠とするが，移動性を輸送タンパク質の関与から説明しようとする。すなわち抗生物質生産微生物細胞内で合成された不活性型抗生物質あるいは前駆型抗生物質は，生産微生物細胞膜に存在する能動輸送タンパク質によって細胞外へ分泌されるが，細胞外で修飾された活性型抗生物質は能動輸送タンパク質と結合できない化学構造であるため細胞内へ再輸送されず，結果的に生産微生物は抗菌作用を受けない。

　さらに第三の説では，不活性型抗生物質および活性型抗生物質のいずれも細胞外と細胞内を自由に移動するが，生産菌細胞内には活性型抗生物質分解酵素が存在して細胞内に移動した活性型抗生物質を無効化するので生産菌自身は抗生物質によって増殖を阻害されない。事実，ペニシリン生産微生物（*Penicillium notatum*）細胞内には前述の $\beta$-ラクタム環分解酵素（$\beta$-ラクタマーゼ，ペニシリン生産菌細胞内のペニシリン類分解酵素であることから特にペニシリナーゼ Penicillinase と呼ばれている）の存在が知られており，このことからも広く抗生物質生産微生物の細胞内には，自身が生産する抗生物質を分解する酵素の存在することが推定される。

　現在はこれら三つの説で示唆される機構が相乗的に作用して生産菌への抗菌効果発現が抑制され，自己耐性機構が成立すると考えられている。

# 索　引

ATP　28
BOD　89
COD　89
DNA　59
DNA ウイルス　71
DNA ポリメラーゼ　68
DO　89
mRNA　65
PCR 法　68
RNA　64
RNA ウイルス　71
rRNA　66
TOC　89
tRNA　67
β酸化　79
β-ラクタム系抗生物質　104

## あ 行

亜硝酸態窒素　82
アニーリング　68
アミノ酸類似抗生物質　105
アミノ配糖系抗生物質　105
アルコール発酵　32
アンモニア化　82
アンモニア態窒素　81
アンモニウム態窒素　81

硫黄細菌　83
硫黄酸化細菌　83
鋳型　64
遺伝　59
遺伝子　59
遺伝子組み換え　75, 76
遺伝子操作　75, 76
遺伝子の増幅　68
遺伝子（DNA 鎖）の複製　64
遺伝情報の発現　64
イントロン　65

ウイルス　5, 71
ウイルス受容体　72
ウイルス粒子　71

栄養源　24
栄養細胞　39, 55
栄養要求性　24
エキソン　65
液体培地　24
液胞　11

塩基対　60
塩基配列分析装置　70
遠心分離　50

オートクレーブ　39

## か 行

開始コドン　67
外生胞子　9
回分培養法　47
海洋微生物　43
外来遺伝子　76
解裂　64
火炎法　42
化学的酸素要求量　89
架橋法　95
核　6
核酸塩基　59
核酸類似抗生物質　107
隔壁　9
学名　7
ガス滅菌　39
活性汚泥　86
活性汚泥法　86
芽胞　55
桿菌　7
間歇滅菌　39
感受性菌　108
感染　71, 72
完全酸化　79
寒天平板培地　25, 46
乾熱滅菌　39
鑑別染色法　13

キチン　11
忌避物質　23
キメラ遺伝子　73
キメラタンパク質　73
球菌　7
休止菌　51
極限微生物　37
極性　19
菌糸　9
菌体漏出　93

グラム陰性菌　13
グラム染色法　12
グラム陽性菌　13
クリック　3

クリーンベンチ　42

蛍光標識免疫測定法　100
形質　59
形態学的生化学的試験　68
継代培養　46
ゲノム　60
ゲノムサイズ　60
原位置環境改善法　90
原核微生物　6
懸濁液　22

高圧蒸気滅菌　39
好アルカリ菌　35
好塩菌　36
好気呼吸　31, 79
好気性微生物　31
抗菌　41
抗菌スペクトル　107
抗原　97
抗原結合部位　98
抗原決定基　97
抗原−抗体反応　98
抗原−抗体複合物　98
光合成　83
光合成微生物　79
好酸菌　35
恒常性　30
合成抗生物質　103
構成タンパク質　30
合成培地　25
抗生物質　3, 103
抗生物質分解酵素　108
酵素　11
酵素標識免疫測定法　100
抗体　97
高度処理　88
好熱菌　36
酵母類　9
好冷菌　36
固形培地　24
古細菌　19
コード　64
コロニー　44
混合培養　47
根粒菌　28, 81

## さ 行

細菌類　7

# 索引

最終電子受容体　31
細胞　11
細胞呼吸　31
細胞質　11
細胞染色法　12
細胞内顆粒　11
細胞内小器官　11
細胞内パッケージング　73
細胞壁　11
細胞壁合成阻害抗生物質　105
細胞膜　11, 18
細胞融合法　16
坂口肩付きフラスコ　25
殺菌　40
雑菌　38
雑菌汚染　38
作用機序　103
サンドイッチ法　102

資化　80
資化性　24
資化性試験　68
資化微生物　90
自己耐性　108
自己溶菌　55
子実体　9
糸状菌類　9
脂肪酸　81
死滅期　54
弱酸性培養　35
斜面培地　25, 46
集菌　50
終止コドン　67
集積培養法　50
従属栄養微生物　28
出芽　9
受動輸送　21
種名　7
受容体　21
純粋培養　47
小亜粒子　66
硝化　82
硝化菌　82
硝酸態窒素　82
消毒　42
触媒　92
署名配列　70
ジーン　60
真核微生物　6
真菌類　5
親水性タンパク質　21
親水性部　19
真正細菌　19
伸長　67

親和性　95

スフェロプラスト　16
スプライシング　66

静菌　41
静菌効果　28, 36
制限酵素　73
静止期　54
生体エネルギー　28
生体触媒　93
生体膜　18
生物学のセントラルドグマ　68
生物的酸素要求量　89
生命の化学進化説　35
生理活性物質　9, 78
生理的食塩水　36, 43
世代時間　56
接種　42
セルロース　11
前核微生物　6
穿刺　25
穿刺（せんし）培地　46
前培養　47
繊毛　21
線毛　21
全有機炭素量　89

走化性　23
走気性　23
増殖　7, 24
増殖曲線　53
増殖最適pH領域　35
増殖速度定数　56
相同性　70
相補性　65
藻類　5
属名　7
疎水性タンパク質　21
疎水性部　19

## た 行

大亜粒子　66
耐アルカリ菌　35
耐酸菌　35
代謝活性　1
対数期　53
対数増殖期　53
耐性菌　108
対糖モル収率　33
滞留時間　95
多環抗生物質　105
多剤耐性菌　108

多細胞集合菌類　10
脱窒　83
脱窒菌　83
脱窒槽　88
ターミネーター　65
炭化水素資化菌　80
担子器　10
担子菌類　9
炭素源　25
炭素循環　79
担体　93
担体結合法　93
タンパク質　18
タンパク質合成阻害抗生物質　105
単離　39

遅滞期　53
窒素源　27
窒素固定　28, 81
中温菌　36
中性菌　35
調製　24

通性嫌気性微生物　31

停止期　54
定常的培養法　49
デオキシリボース　59
適応　50, 53
データベース　70
転移RNA　67
転写　65
伝達RNA　65
天然抗生物質　103
天然培地　24

糖化　28
凍結乾燥法　47
同定　7, 68
特異性　99
独立栄養微生物　28
土壌微生物　9, 43, 78
塗布接種　44
トランスファーRNA　67
トリプレット　63
トリプレットコドン　63
ドロッピング　36

## な 行

内在性微生物　2
内在微生物群　90
内性胞子　39

索　引

内生胞子　55
難生分解性有機物　90

二重らせん構造　59
二分子層　18
乳酸発酵　32

ヌクレオチド配列　63, 64

能動輸送　21

### は　行

バイオオーグメンテーション法　91
バイオスティミュレーション法　90
バイオリアクター　95
バイオレメディエーション　90
排水浄化　86
培地　24, 25
培養　24
培養槽　47
バクテリアリーチング　84
バクテリオクロロフィル　28
パスツール　2
ばっ気槽　86
発酵　32
発酵性試験　68
反復回分培養　50

微生物細胞の固定化　93
比増殖速度　56
比濁度　53
必須微量元素類　29
非定常的培養法　48
標識　100
標識免疫測定法　100
微量栄養源　27

ファージ　71
プライマー　68
プラスミド　76
フレミング　3
フロック　87
プロモーター　65
分泌　21

分離　39
分類　68
分裂菌類　5

ベクター　76
ペプチドグリカン　13
ペプチド系抗生物質　105
ペリプラズム　16
変性　36, 68
偏性嫌気性微生物　31
鞭毛　21

包括法　93
胞子　9
胞子形成菌　55
胞子囊　9
胞子非形成菌　55
放射性同位元素標識免疫測定法　100
放線菌類　7
補酵素　79
ホスト・ベクター系　76
保存　46
保存培地　46
ポリデオキシリボ核酸　59
ポリメラーゼ連鎖反応法　68
プロトプラスト　16
本培養　47
翻訳　66

### ま　行

マンナン　11

無機塩呼吸　34
無気呼吸　32
無菌操作　39
ムコペプチド　13
娘細胞　9

滅菌　39
メッセンジャーRNA　65
免疫　97
免疫グロブリン　97
免疫測定法　97

モノデオキシリボ核酸　59

### や　行

宿主　72

誘引物質　23
有機廃棄物資化微生物　24
有機物汚濁指標　88
優占菌種　39, 90
誘導　30
誘導期　53
誘導源　30
誘導タンパク質　30
有胞子菌　55
遊離微生物細胞　95

溶菌系　74
溶原系　75
溶存酸素　89

### ら　行

らせん菌　7

リガーゼ　73
リゾチーム　16
リボ核酸　64
リボゾーム　64, 66, 106
リボゾームRNA　66
リポペプチド　13
硫酸塩呼吸　83
硫酸還元菌　83
流動モザイクモデル説　18
両親媒性化合物　19
リン酸基　59
リン脂質　18

レーウェンフック　1
連続培養法　49

ろ過滅菌　39

### わ　行

ワクスマン　3
ワトソン　3
和名　7

**著者略歴**

**編 著 者**

菊池慎太郎（きくち　しんたろう）
　室蘭工業大学名誉教授
　北海道大学大学院修了　川崎医科大学，ワシントン州立大学生物化学研究所，ワシントン大学医学部などをへて 1996 年から室蘭工業大学大学院教授
　専門は微生物学，医細菌学　　編著書に「微生物工学」，「はじめての生命科学」（いずれも三共出版株式会社），分担執筆書に「The Biology of *Mycobacterium tuberculosis*」(Academic Press)，「バイオフィルムの基礎と応用」（エヌティエス出版）など

**共 著 者**

高見澤一裕（たかみざわ　かずひろ）
　岐阜大学名誉教授
　北海道大学卒業　大阪市立環境科学研究所をへて 1994 年から岐阜大学教授
　専門は環境微生物工学

張　俗喆（チャン　ヨンチョル）
　1968 年生　室蘭工業大学大学院教授
　韓国ソウル産業大学（現ソウル科学技術大学）卒業　岐阜大学連合大学院修了　2013 年から現職
　専門は環境微生物工学

---

微生物の科学と応用
（び せいぶつ　か がく　おうよう）

2012 年 3 月 25 日　初版第 1 刷発行
2025 年 10 月 1 日　初版第 4 刷発行

　　　　　　ⓒ　編著者　菊　池　慎太郎
　　　　　　　　発行者　秀　島　　　功
　　　　　　　　印刷者　江　曽　政　英

発行所　**三共出版株式会社**

郵便番号 101-0051
東京都千代田区神田神保町 3 の 2
振替 00110-9-1065
電話 03-3264-5711　FAX 03-3265-5149
https://www.sankyoshuppan.co.jp/

一般社団法人 **日本書籍出版協会**・一般社団法人 **自然科学書協会**・**工学書協会**　会員

Printed in Japan　　　　　　　　　印刷・製本　理想社

JCOPY 〈（一社）出版者著作権管理機構 委託出版物〉
本書の無断複写は著作権法上での例外を除き禁じられています．複写される場合は，そのつど事前に，（一社）出版者著作権管理機構（電話 03-5244-5088，FAX03-5244-5089，e-mail:info@jcopy.or.jp）の許諾を得てください．

ISBN 978-4-7827-0664-0